# 头露的中式面点时间

头 露 著

辽宁科学技术出版社
沈 阳

**图书在版编目（CIP）数据**

头露的中式面点时间 / 头露著. —沈阳：辽宁科学
技术出版社，2021.4
ISBN 978-7-5591-1811-0

Ⅰ.①头…　Ⅱ.①头…　Ⅲ.①面食—制作—中国
Ⅳ.①TS972.132

中国版本图书馆CIP数据核字（2020）第201040号

出版发行：辽宁科学技术出版社
　　　　　（地址：沈阳市和平区十一纬路 25 号　邮编：110003）
印 刷 者：辽宁新华印务有限公司
经 销 者：各地新华书店
幅面尺寸：170mm×240mm
印　　张：11.5
字　　数：250 千字
出版时间：2021 年 4 月第 1 版
印刷时间：2021 年 4 月第 1 次印刷
责任编辑：康　倩
封面设计：邱　寔
版式设计：颖溢图文
责任校对：徐　跃

书　　号：ISBN 978-7-5591-1811-0
定　　价：58.00 元

投稿热线：024-23284367　987642119@qq.com　　联系人：康倩
邮购热线：024-23284502

# 前 言

头 露

女，国家二级中式面点师，高级中式烹调师，高级西式面点师，下厨房APP——厨studio讲师，职业学校烹饪教师，2012年开始从事中职烹饪中西面点制作方面的教学研究工作至今。2018年《舌尖上的中国第3季》第6集《酥》的主人公之一。食光里的野鹿子工作室主理人。

　　2007年学厨至今，从学校的学生转为学校的老师，从中餐到西餐，从传统到创新，做过许多菜谱，在不断失败中摸索成功的道路。多年的烹饪学习，教会我的不是可以做出多少菜点，而是在做菜过程中学会了坚持与柔韧，慢慢地在做菜过程中找到内心的安宁。本书收录的是自己在学习中式面点过程中的一些技法。个人认为，制作中式面点是一场人生大事，包含了脑海中根深蒂固的认知，打破它们，并用文字描述出来是一场伟大的尝试。

　　本书主要简述一些手法与技法，希望教会大家举一反三的能力。当然，也有一些我无法完全详细解说的地方，若有不清楚之处，请大家批评指正。

　　另外想要告知大家，在制作中式面点的过程中，一定要随时保持对生活的热爱与新鲜感，还要有持续面对挑战的精神和充沛的体力。如果本书能够为读者带来收益，将会是我莫大的荣幸。

# 目 录 Contents

## 水调面团

## 油酥面团

**其他类面团**

# 我和我的中式面点

当你看向海里的浪花，内心便会有无限起伏的情绪。当你看向天空的白云，内心便会有静若处子的安宁。

每个人都在做一件简单的事情，而我的事情就是手执擀面棍与团面，一揉一擀，一捏一褶。我希望能够为自己营造一个空间，思想在这个空间里接受智慧的洗礼，让人由内而外地恢复力量。

制作中式面点对我而言，就有这样的神奇力量，它是值得我花时间去尝试练习的事情。每个人都活在各自世界的中心，能够获得一份全心全意的专注非常不易，我们都欠自己一件礼物，它叫作习以为常的平静。

回想我学厨至今已经12年了，从一个中式烹调师，阴差阳错成了中式面点师。两年前成立美食工作室"食光里的野鹿子"，围绕着中式面点展开了一系列的中式面点技术分享活动，因此受到《舌尖上的中国3》剧组的青睐，展开了五天四夜的拍摄。也常有人问，这过程感觉如何？哈哈，其实也没啥特别的，就好像在朋友面前演示了一遍各种中式面点的制作而已。

一年后再次和导演聊起当年的事，被问起是否还在坚持去做这件事、为什么要做这件事时竟然哑口无言，居然自己也说不出个所以然。

从不爱中式面点到从事中式面点，再到四处去分享它，让更多的人知道并喜欢它。被问及原因，却有种说不出的感觉。我只知道自己在和喜欢中式面点的人去分享时，我的眼里泛着光，我的心里满是欢喜与温暖。似乎有一种力量在支撑着我。因为它可以带给我力量，带给我温暖，带给我在异国他乡的一份心灵的慰藉，带给我内心永不磨灭的记忆。

我希望当我们的下一代长大成人时，想起小时候吃到的美味面点仍念念不忘。或许中式面点不像西式点心那么火爆，但只要我们每个人都努力一点点，让全民都参与进来，几十年后，我们的文化就会在传承中进步。小时候，我们只有在节日才会吃到点心。难道除了节日，点心就不能够存在于我们的日常吗？如何在日常中体现它的存在感？点心的背后蕴含着怎样的历史情结？

这一切只有当你撸起袖子，剪去指甲，与面团合二为一时才能感受它的力量与魔力。喜欢中式面点不是为了寻求方便，不是像吃快餐一样立刻拥有它，而是要在与它的相处中慢慢找到制作的快感与痛苦，了解它的挣扎与不舍。珍惜它的每一个动作，一揉一捻，一进一退，一轻一重，小小的点心大大的文化，小小的动作大大的力量。

我希望通过我的努力，让更多的人了解中式面点，给喜欢传统的人带来不一样的体验。

我喜欢中式面点，它是一首唱不完的恋歌，一篇写不尽的美文，一道品不完的美味。为了可爱的中国，为了我热爱的中式面点，我愿奉献自己的一份力量。

# 那门被时间滋养的生活艺术

足够简单的目标，才能滋养出丰富的内心。——林曦

酷爱林曦，她说的每一句话都如同安稳的大树，不随风摆动，任凭风吹雨打。很喜欢这青葱的力量，根扎在土里绵延不绝，任凭枝干生长在广阔的天空里。如果生活是化简为繁，那手上的技术就是由繁至简。

曾在跟一个姐姐相处时，发现她打开手机追剧，用的2倍速度看剧。现下的年轻人都过着倍速的生活，恨不得24小时变成36小时，似乎每一个人的生活都被装上了快进键。突然有些伤感，我们居然连停下来的机会都觉得很奢侈。

或许我们都该对自己作一个修剪。修剪技能、修剪生活、修剪自己的精神家园。人人都是一棵无根的树，我们都需要为自己置办一把锋利的剪刀，剪去烦琐与牵绊，无拘无束地生长，直到能自由地触摸蓝天、触摸白云、触摸繁星。

总有人问，如何成为一名真正的面点师？如何快速学会一种点心的手法？这些问题让我无从回答。生活从没有捷径，它只在每分每秒里滴答前进。如若你爱了这一行，你便应该积跬步至千里，去努力做到最好！看着周遭人每天以麻木的表情穿梭在钢铁密林间，除了忙碌的工作外，似乎没有任何的闲暇时间去顾及其他事物。以前的我只是粗浅地认为学习中式面点就是一门养家糊口的手艺。是啊，人活在世大多只是为了谋生，不是吗？随着技术的深入，我不再这么认为。我沉浸在点心的世界里，而"世界"外的琐事也逐渐和我相去甚远，我跳脱出人群，我的眼前只有面点，用心倾注在这块小小的面团上，将兴致和热情都粘连在这块水与面粉的混合物中。

在一期一会的线下课程中，我同大家分享美好的生活，共同留住美好的回忆。

当我专注于分享时，时间仿佛被面筋凝固住了，随着我的摅揉搓捏，它变得收放自如，可长可短，可圆可方。我所有的喜怒哀乐都依附于它，莫名的欣喜弥漫开来，驱散杂思。正是因为这样，繁杂的内心也会获得暂时的宁静，因为我此时此刻的目标只是想收摄身心，和面团静静地待一会儿。进行线下课程教课的时候是我内心最宁静的时候，因为只要做一件事，全力以赴地把手中的技术教给大家。如果你也喜欢中式面点，那你就要停下来思考一下，你是否愿意预留一些时间，与它慢慢相处，学会用简单的动作克服繁杂的工序，最后生成一股力量，让你的生活因为有了点心的加入而变得丰富与繁茂。

快餐式的生活单调无趣，所有的事情都如复制粘贴，味同嚼蜡。来和我们一起玩转中式面点吧，在专注中安抚灵魂，只有内心得到真正的安宁，才是对自己最大的慈悲。

我愿做一棵参天大树，虽不能像云朵一样奔走四方，但却安守一处。这样，我的热情才会长久纯粹。

# 🍳 理　论

## 中式面点的分类

我国具有悠久的历史和灿烂的文化。中国经过长期的发展，历代面点师在不断实践和广泛交流中，创制了口味淳美、工艺精湛的各种面点。这些面点不但丰富了人们的生活，在国内外亦享有很高的声誉。随着社会的发展，人们的生活水平不断提高，面点在人们日常生活中显得愈来愈重要。人们在继承和挖掘整理传统面点的基础上，不断融入新的原料、新的技术，逐渐使面点制作工艺理论化、家庭化、科学化、系统化。

### 面点的分类、特点及主要风味流派

#### （一）面点的分类

##### 1. 按原料类别分类

（1）麦类面粉制品。是指调制面坯的主要原料是用小麦磨成的面粉，掺入原料主要是水、油、蛋和添加剂，经调制成为多种特性的面坯，再经过多道加工程序制成，如包子、馒头、饺子、油条、面包等。

（2）米类及米粉制品。是指在米或米粉中掺入水及其他辅料进行调制，再经成形、熟制而成的制品，如八宝饭、汤圆、年糕、松糕等。

（3）豆类及豆粉制品。是指用豆类或加工后的豆类经调制、成形、熟制而成的制品，如绿豆糕、芸豆卷、豌豆黄等。

（4）杂粮和淀粉类制品。是指用杂粮及其磨成的粉或淀粉类原料，经调制、成形、熟制而成的制品，如小窝头、黄米炸糕、玉米煎饼、马蹄糕等。

（5）其他原料制品。例如果菜类制品，荔芋角、南瓜饼等。

##### 2. 按面坯性质分类

（1）水调面团。即用水与面粉调制的面坯。因水温不同，又可分为冷水面坯（水温在30℃以下）、温水面坯（水温在50℃左右）、热水面坯（水温在70℃以上，又叫沸水面坯或烫面）3种。

（2）蓬松面团。一般有3种。

①在面坯调制中加入酵母的生物蓬松面坯。

②加入化学蓬松剂的化学蓬松面坯。

③把鸡蛋抽打起泡，再加入面粉调制成糊状的物理蓬松面坯。

（3）油酥面团。即用油脂与面粉调制的面团。这种面团分为层酥、单酥等。

（4）米粉面坯。指以糯米、粳米、籼米磨成的米粉为原料，根据面团要求进行合理搭配成镶粉，即混合粉调制的粉团，如糕类粉团、团类粉团等。

（5）其他面坯。如澄粉面坯、杂粮面

坯等。

**3. 按成熟方法分类**

可分为煮、蒸、煎、炸、烤、烙、炒等七大类。

**4. 按形态分类**

可分为糕、饼、团、酥、包、饺、粽、粉、面、粥、烧卖、馄饨等。

**5. 按口味分类**

可分为甜味、咸味、复合味3种。

## （二）面点制作的基本特点

面点制作具有原料广泛、选料精细，讲究馅心、注重口味，技法多样、造型美观，成熟方法多样等基本特点。

## （三）面点的风味流派

我国地大物博，从南到北地域跨度很大，各地的气候条件有所不同，因此全国各地所产的粮食作物有很大区别，人们的生活习惯、饮食文化有很大差别。反映到面点制作上，也就出现了不同的花色品种和制作习惯，也就分成了不同的面点流派。我国面点根据地理区域和饮食文化的形成，大致可分为"南味"和"北味"，这两大风味又可以以"京式面点""苏式面点""广式面点""川式面点"为主要代表（见下表）。

### 面点的主要风味流派

| 风味流派 | 特色 | 代表品种 | 制作区域 |
|---|---|---|---|
| 京式面点 | 用料丰富，以麦面为主。品种众多，制作精细，制馅多用水打馅 | 抻面、北京都一处烧卖、天津狗不理包子、清宫仿膳肉末烧饼、艾窝窝等 | 黄河以北的大部分地区（包括山东、华北、东北等） |
| 苏式面点 | 品种繁多，制作精美，季节性强，馅心注重掺冻，汁多肥嫩 | 三丁包子、翡翠烧卖、汤包、千层油糕、船点等 | 长江中下游、江浙一带 |
| 广式面点 | 原料多以米类为主，品种丰富，馅心多样，制法特别，使用糖、油、蛋较多，季节性强 | 虾饺、叉烧包、马拉糕、娥姐粉果、荷叶饭等 | 珠江流域及南部沿海地区 |
| 川式面点 | 用料广泛，制法多样，口感上注重咸、甜、麻、辣、酸等味 | 赖汤圆、担担面、钟水饺、八宝枣糕等 | 长江中上游，川、滇、黔一带 |

# 中式面点常用的一些材料

## 一、粉类

凡是用粮食磨制而成的粉状物，都可称为粮制粉。它是面点的主要材料，因为粮食的种类不同，可以制成色香味形各异的中式面点产品。常用的制作面点的粮制粉有面粉、米粉、淀粉等。

### （一）面粉

面粉是由小麦经加工磨制而成的粉状物。面粉的品质直接影响到产品的质量，不同的面粉也有不同的用途。

根据筋度，面粉可分为低筋粉、中筋粉和高筋粉。

低筋粉又称糕点粉，蛋白质含量6.0%～8.0%，里面含有的蛋白质较低，适合制作一些饼干、蛋糕等产品，也有少量用于制作开花包、馒头。制品口感松软。

中筋粉的面筋介于高筋粉和低筋粉之间，蛋白质含量8.0%～10.0%，又称馒头粉或包子粉。因为筋度适中，适合制作带有纹路的花卷、包子等产品。制品口感绵软可口。

高筋粉又称为面包粉，蛋白质含量10.0%～12.0%，是用蛋白质含量高的小麦加工制成的。用高筋粉调的面团筋力大，弹性强，口感筋道，适合制作面条、水饺、面包等。

### （二）米粉

米粉是由稻米加工而成的粉状物，是制作粉团、糕团的主要原料。

主要的分类：

1. 糯米粉

糯米粉柔糯细滑，黏性大，用途广，成品软滑、糯香，如年糕、汤圆等。

2. 粳米粉

粳米粉的黏性次于糯米粉，一般将粳米粉与糯米粉混合后制成糕团或者粉团等。

3. 籼米粉

籼米粉的黏性最小，胀性大，因为里面所含有的支链淀粉较少，适合做一些米糕、发糕之类的成品。

### （三）其他粉类

杂粮的品类居多，除了上述的主要粉类之外，还包含其他杂粮粉。比如玉米粉、荞麦粉、绿豆粉、黄豆粉等，还有些淀粉含量高的粉类如木薯粉、土豆粉、番薯粉等。在主材料中加入适量的其他粉类可以改善面点的风味与口感。

## 二、其他辅助原料

在面点制作过程中，除了需要大量的主要原料外，还需要添加一些辅助材料，以增加点心的口感。

## （一）糖

糖是制作面点的主要材料之一，也是甜味的主要来源。它对于面点的操作工艺起着十分重要的作用。经常使用的糖主要有白砂糖、绵白糖、红糖、糖粉、糖浆等。

糖在面点中的作用：

1. 增添营养。

2. 调剂甜味与口味。

3. 增加色泽。

4. 调节面筋发酵程度。

5. 供给酵母养分，促进发酵。

## （二）食用油脂

油脂在面点制作中具有重要作用，掌握好油脂的用量，对于中式面点的成品质量、产量以及手工艺都有着很大的作用。

点心中油脂分类：

动物油脂：猪油、乳脂（黄油）、牛油、羊油等。

植物油脂：大豆油、玉米油、橄榄油、芝麻油、椰子油、菜籽油等。

油脂在面点中的作用：

1. 能降低面团的筋力和黏着性，有利于成形，使制品酥松、丰满、有层次。

2. 增进风味，使制品光滑油亮。

3. 利用油脂的传热特点，使制品产生香、脆、酥、嫩等不同味道和质地。

4. 能提高制品的营养价值，为人体提供热量。

5. 降低吸水量，延长制品的保存期。

## （三）蛋

用于制作面点的蛋以鲜蛋为主，包括鸡蛋、鸭蛋等各种禽蛋，其中鸡蛋起发力好、凝胶性强、味道鲜美，在面点制作中用量最大。

蛋的特性：蛋白的起泡性、蛋黄的乳化性。

蛋在面点中的作用：

1. 能改进面团的组织状态。

2. 提高制品的疏松度和绵软性。

3. 能改善面点的色、香、味。

4. 提高制品的营养价值。

## （四）乳品

常用的乳品呈微黄色，有清淡的奶香味。鲜乳组织均匀，正常的鲜乳呈乳白色，营养丰富，使用方便，可直接用于调制面团。

## （五）果品

果品按照商品分类可分为鲜果（如芒果、苹果、草莓等）、干果仁（核桃仁、花生仁、腰果仁等）、果干（红枣干、葡萄干、柿饼等）、果制品（蜜饯、果酱、果脯等）。这些果品的加入主要为制作面点的馅料夹杂在里面或者装饰在表面。

# 三、食品添加剂

在不影响食品营养价值基础上，为了增强食品的感官性状，提高或保持食品的质量，在食品中加入适量化学合成或天然物质，这些物质就是食品添加剂。本书中运用的不多，但是大家可以了解一下。

凡是能使面点制品膨大疏松的物质都可称为蓬松剂。大致分为两类：

### 1. 生物蓬松剂

利用酵母菌在面团中生长繁殖产生二氧化碳气体，使制品蓬松柔软。一类是酵母菌（包含干酵母、固体鲜酵母以及液体酵母），另一类是隔天的剩余面团（老面），还有利用酵素以及酒酿作为蓬松剂发酵的。

用酵母菌发酵的特点是方便、简洁，发酵力强，制品口味醇香，需要严格控制发酵温度和发酵湿度。用老面发酵的特点是菌种不稳定，面团会产生酸味，需要适当施碱。老面发酵是我国传统的发酵方法，经济实惠且风味独特，常用于制作包子、馒头等。

## 2. 化学蓬松剂

常用的可食用化学蓬松剂有泡打粉、小苏打等。

（1）小苏打又称碳酸氢钠，是一种没有味道的白色粉末，受热会分解出二氧化碳气体。适合做一些油条、麻花等制品。用量为面粉的1%，放多了会导致面团产生褐斑，使用时应与水融合后再加面粉混合。

（2）泡打粉又称为发粉、发酵粉，是一种复合型蓬松剂。受热后会产生二氧化碳气体，用量为面粉的1%～3%，过量会影响面点制品的口味，注意使用前应该与面粉混合均匀后再加水。

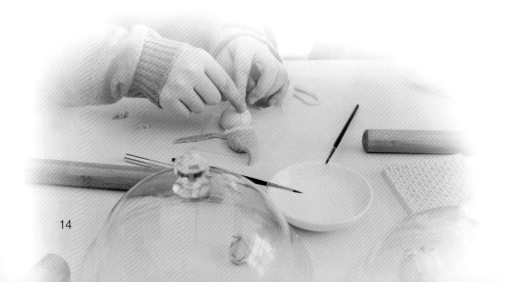

# 中式面点使用的工具

## 一、加热设备

### 1. 电烤箱

电烤箱是面点厨房必备的设备，主要用于烘烤各类中西点心。电烤箱的使用主要是通过定温、控温、定时等按键来控制，一般都可控制上、下火的温度，使制品达到应有的质量标准。

### 2. 电磁炉以及燃气设备

燃气设备是以天然气等能源作为燃料的一种加热设备。它通过调节火力的大小来控制炉温。电磁炉一般是以电源插电式提供加热功能，可选蒸、煮、煎、炒等功能。

## 二、加工设备

### 1. 和面机

和面机又称拌粉机，它具有利用机械运动将粉料和水或其他配料拌和成面团的

作用。

### 2. 压面机

压面机是指将和好的面团通过压轴之间的间隙，压成所需厚度的皮料（如面皮、面片等），快速将面团压至光滑，方便操作。

### 3. 破壁机

破壁机是一款多功能料理机，可用于榨汁或粉碎坚果。

## 三、操作工具

### 1. 案板

案板是点心制作中必备的工具，它的使用和保养直接关系到点心能否顺利制作。常见的案板由木板、不锈钢板、大理石板、塑胶板等制成。木质案板一般选用柚木、黄花梨木等，厚度为6~7cm，以防变形断裂。塑胶案板适合开酥擀面。不锈钢案板比较常见，它比木质案板平整光滑，一些油性较大的面坯适合在此类案板上进行操作。

### 2. 擀面棍

擀面棍是点心制作中必不可少的操作工具。其质量要求是结实耐用，表面光滑。以檀木或枣木制的质量较好。擀面棍根据其用途、尺寸、形式，可分为以下几种：

（1）擀面棍：长度较长，40cm以上，用于擀面条、烧卖皮等。

（2）通心槌：用于擀制大块面团，如油酥面团中的大开酥。

（3）单手杖：长度适中，30cm左右，用于日常擀皮、制作小包酥等。

### 3. 粉筛

主要用于过筛面粉，滤去杂质。绝大部分精细的点心在制作之前都应该过筛，以确保成品质量稳定。

### 4. 蒸笼

蒸笼主要用于盛放生坯或食材，入锅中进行蒸煮成熟。根据材质可分为不锈钢蒸笼、竹子蒸笼等，其中不锈钢蒸笼方便清洁，不易变形，竹蒸笼透着竹香，但易发霉，需要时常保养清洁。

### 5. 刮板

刮板又称刮刀，主要用于刮粉、和面、分割面团、划纹路以及整理卫生等，用途多样。材质主要以塑料、铁为主。

### 6. 模具

模具一般根据用途不同，规格大小不等，形状各异，如月饼模具、字母模具、几何模具、卡通模具等主要用于印刻各类造型，做出符合要求的成品。

### 7. 电子秤

主要用于称量原料的重量，以使重量或投料比例准确，精确到0.01g。

### 8. 其他工具

面点师使用的小型工具多种多样，有生活用具，也有一部分属于自己制作的，它们精巧细致，便于使用，如木梳、牙签、刻刀、剪刀、牙刷、卡片等。

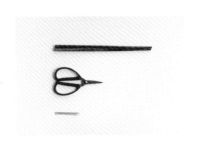

## 四、制馅、调馅工具

### 1. 刀具

刀具主要有桑刀、前片后砍刀、美工刀等。桑刀主要用于切面条、油酥制品，前片后砍刀主要用于切配剁馅等。

### 2. 盆

盆有铝盆、瓷盆、不锈钢盆等，根据用途有多种规格，主要用于和面、拌馅、盛放馅心等。

# 中式面点基本功

中式面点的制作历史悠久、品种繁多、样式复杂，但就基本操作过程而言，从古至今，已经形成一套科学完整、行之有效的操作程序和技术。这些操作过程和技术，虽然原料、成形、熟制的方法不同，但都有一个共同的操作程序。只要学好练好基本功，就可以制作出符合技能要求的成品，并逐步提高面点制作的水平。

中式面点基本功的操作分为成形前的操作和成形后的操作。前者包含和面、揉面、收光、醒面、搓条、下剂、制皮、上馅等，后者指的是成形后的各个环节。

和面、揉面、搓条、下剂、制皮是面点成形前的坯皮制作基本技术，各技术环节环环相扣，每一个环节能否达到质量要求，直接关系到下一个环节能否正常进行，从而最终决定成品的质量。

## 一、和面

和面是依据面点制品的要求，将粉料与水、油、蛋等辅料调制成面团的过程。和面是面点制作的第一道工序，是面坯调制的重要环节，和面的好坏会直接影响面点成品品质和制作工艺的顺利进行。

和面的方法有3种，但无论采用哪种方法和面，都要讲究动作迅速，干净利落。

（1）抄拌法。将面粉放入容器内，在中间开一个面窝，加入水，双手由内及外反复抄拌，直到面粉与水充分混合成雪花状为止。在操作量较多的情况下可采用此法调制。

（2）调和法。将面粉放在案板上，中间开一个面窝，将适量的水倒入面窝中，双手张开，由内及外，先慢后快，逐步调和，使面粉与水充分结合成棉絮状。适合少量操作。

（3）机械法。机器和面大大减轻了面点师的劳动强度，提高了工作效率。机器和面通过和面机搅拌桨的旋转，将主料、辅料搅拌均匀，并通过搅拌使粉粒互相黏结成面团。

### 要领与要求

（1）掌握好掺水比例。初学者可分多次加水，第一次加入总量的80%左右，然后根据面团软硬度适当补充。加水量要根据制品的要求、季节、面团的性质以及粉料的吸水情况而定。

（2）揉面姿势。和面时用力较大，要求站立和面，两脚一前一后站立，身体略向前倾，力量由身体到手臂再到手掌根部发力作用在面团上。

（3）养成良好的操作习惯。和面时会有少量面团粘在手上和案板上，和面完毕后必须马上清理。必须要做到手和案板保持洁净。面团和好后一般都要用干净的湿布或保鲜膜盖上，以防面团表面干燥、结皮和裂缝。

（4）水和粉融合均匀，软硬适当，符合制品的操作要求。面团需要达到"三光"，即手光、面光、案板（盆和工具）光。

## 二、揉面

揉面是指将和好的面坯经过反复揉搓，使粉料与辅料的调和更为均匀，达到面团柔润、光滑的要求。

根据不同面团或同种面团制品的不同，揉面的方法也不相同。揉面主要有揉、搋、擦、摔、叠、压等动作。

### 1. 揉制法

揉制法是指用手的掌根压住面团，用力向外推动，把面坯摊开，再从外向内卷起形成面坯，再旋转90°，继续重复揉制，直到把面团揉匀揉透为止。

### 2. 搋制法

搋制法是用于增强面坯筋力的技法。双手交叉放在面团上，把面团向两边撑开，再重复直到把面团搋透为止。

### 3. 擦制法

擦制法适合用于无筋力的面团，如油酥面坯的干油酥、部分米粉面团、热水面团的调制。其目的主要是增强面坯内部黏性。比如干油酥，先把面粉与油拌和好后，用手掌根部把面团一层一层向前边推边擦，直到面团细腻均匀。

### 4. 摔制法

摔制法是指用双手拿住和好的面团，举起后反复用力摔在案板上，使面团增加筋力的操作方法。调制吐司面包坯时常用此法帮助油水融合，增加面团面筋。

### 5. 叠制法

叠制法是指将粉与油脂、蛋、糖等原料混合后，用上下折叠后下压的方式使原料混合均匀的操作方法。主要用于混酥类面团制品，防止面团产生筋力，影响质感（蓬松或酥松），如杏仁酥、桃酥等。

### 6. 压制法

压制法是指将成团的面团放入调好宽度的压面机中，反复折叠并压到面团表面光滑的方法。用压面机压的面团因其受力均匀，效率高，一般需要将加水量降低一些。注意，要有规律地压制。在操作量比较大的工厂或者酒店，一般都会配置大型压面机，保证成品的质量不受影响。

### 要领与要求

（1）根据成品要求选择正确的揉面方法。比如饺子、包子、馒头等都用揉制法，干油酥等用擦制法。

（2）把握好揉面的关键。揉面用力要适当、有规律，不可杂乱无章，不能用力过猛、来回翻转。面揉得越透，色泽就越白，做出的成品质量就越好。

（3）采用正确的揉面姿势。

（4）面团揉好后应静置一段时间，使面团中各物料得到充分融合，更好地形成面筋网络。

（5）要求揉出的面坯光滑、均匀、有光泽，符合成品制作要求。

## 三、收光

收光是指将揉好的面团利用手腕轻轻地发力，使之收紧聚拢，致使面团表面光滑、内里紧实的一种手法。任何经过手揉的面团都要进行收光动作，而后再进行搓条、造型等动作，否则会因为面团表面不光滑而导致成品表面有裂纹或者坑坑洼洼的。

## 四、搓条

搓条是取揉好的面团，将双手压在

揉好的面坯上，经双手由内向外均匀地推搓，使面坯向左右两侧延伸，制成一定规格、粗细均匀、光滑圆润的条状的过程。

## 要领与要求

（1）用力均匀，轻重有度。操作时用手掌推搓，两手着力均匀，两边用力平衡，才能使搓出的剂条粗细均匀。

（2）手法连贯自如。只有做到手法灵活，才能使搓出的剂条光滑、圆整，不皲裂，粗细一致。

（3）如果面团太干或者开裂，可以重新揉面再搓条。搓不动时可在手上适当抹水以增加阻力，搓制时更好操作。

（4）要求将面团搓成粗细均匀的圆柱形长条。搓好的剂条紧实，粗细均匀，光滑圆润。

## 五、下剂

下剂是将搓好的剂条按照制品要求，分成规定分量的过程。

根据不同种类的面坯性质和操作需要，选用不同的方法。常用的有摘剂、挖剂、拉剂、切剂等方法。

（1）摘剂。摘剂又叫揪剂。操作时，左手握条，手心朝向身体一侧，四指弯曲，从虎口处露出相当于剂子大小的条头，用右手拇指和食指捏住面剂顺势向下用力摘下，并且依次摘完。摘剂时，为保持剂条始终圆整、均匀，左手不能用力过大，摘下的每一个剂子应按照顺序排列整齐。摘剂这种手法比较适用于水调面团、发酵面团等有筋力面团的分坯。

（2）挖剂。挖剂也称铲剂，大多用于较粗的剂条。由于条粗，剂量较大，左手

没法拿起，右手也无法摘下，所以要采用挖的方法下剂。

（3）切剂。切剂又叫剁剂，是用刀等工具进行分坯的一种方法。

（4）拉剂。拉剂常用于比较稀软的面团，不能摘剂，也不能挖剂，只能采用拉的方法。

## 要领与要求

（1）手法灵活，动作熟练，速度快。

（2）要根据不同的面点品种要求和面团的特性来确定合适的下剂方法。

（3）剂子大小均匀，形态整齐，重量一致。

## 六、制皮

制皮是按面点品种和包馅的要求将面皮剂子制成面皮的过程。制皮的技术要求高，操作方法较复杂。制皮质量的好坏直接影响包馅和制品的成形。根据各面点品种的要求不同，常用的有以下几种方法。

### 1. 擀皮

擀皮是利用工具将剂子擀成一定规格面皮的过程，是生活中最常用的手法。

（1）单手擀。使用单手擀面棍，常用于擀饺子皮、包子皮等。先把剂子用手掌按扁，左手拿皮逆时针方向均匀地转动同样的角度，右手按住擀面棍，用力均匀地由外向里擀到面皮的1/3处，如此反复，左右手配合，大约擀制8次即可将面皮擀圆。成品为中间稍厚、周边略薄的面皮。

（2）双手擀。双手擀面棍，简称双手杖或橄榄杖，因其形似橄榄而得名。分为单只杖和双只杖（比单只杖细小，擀皮时两根合用）两种。常用于擀饺子皮、包

子皮等小点心皮，也可擀制烧卖皮。烧卖皮的擀法是一种特殊的擀法，要求皮子擀成中间略厚的圆形，称为"荷叶边"。操作时，先把剂子按扁，擀时大多用中间粗两头细的橄榄杖，双手擀制，左手按住面杖左端，右手按住面杖右端，擀时面杖的着力点应放在一边，先左手下压用力向前推动，再右手下压向后拉动，使坯皮顺时针方向转动，最后擀成有百褶纹的荷叶形边。

（3）通心槌。通心槌又称走槌。槌体呈圆柱形，中心孔套入中心轴可转动，中心轴两端为手柄，常用于分量较大的面坯的擀制，如手工面条、馄饨皮、油酥面坯开酥等。擀皮平整，效率高。使用时用双手握住通心槌两头的活动手柄，均匀用力，平行碾压面皮，直到擀成所需厚度的面皮。

## 2. 按皮

按皮是指把摘好的剂子横截面向上竖立起来，撒上少许干面粉，用手掌按成符合要求的面皮。

## 3. 压皮

压皮又叫拍皮，操作时准备一把拍皮不锈钢刀，将剂子拍扁。

## 4. 摊皮

摊皮是指用加热的工具将面坯制成坯皮的过程。主要用于稀软或糊状面坯的制皮，如春卷皮、烤鸭皮等。

## 5. 捏皮

捏皮适用于制作米粉面团、汤圆之类的制皮。操作时先把剂子用手搓圆，再用手指捏成圆形（内可上馅）。

## 要领与要求

（1）手法正确，双手配合协调，动作熟练，速度快捷。

（2）根据制品选择合适的方法制作面皮。

（3）皮形圆整，大小一致，厚薄符合成品要求。

# 中式面点中色彩的应用

随着各中式面点师傅技术的提升，很多有创意的师傅会将中式面点制成各种动物、植物等形状。为使制品更加形象生动，还会使用有色面团。在中式面点的技艺里，用的配色工艺一般有4种。

（1）果蔬汁调色。将有色原料榨汁后代替水加入面团中，使面团变成彩色面团。例如，胡萝卜汁、南瓜汁、青菜汁、红菜头汁、栀子花果实泡水等根据品种需要与面粉混合在一起。这样调制成的面团不仅具有色彩，还有原材料本身自带的特殊香气，如菠菜面、南瓜面等（图1~图3）。

（3）果蔬粉调色。部分制品色彩丰富，可事先调制好一块白色面团，再将有色原料烘干成干粉加入面团中，使白面团变成彩色面团。例如，用蝶豆花粉、南瓜粉、绿茶粉、可可粉等调成有色的干油酥或者其他面团，做成有颜色的油酥制品，使制品的颜色更加丰富（图6~图8）。

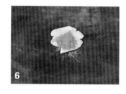

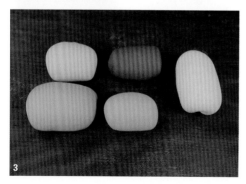

（2）颜色涂抹。利用有颜色的汁水涂抹在制品表面，面点内部则保持本色。要等待制品蒸熟后使用，灵活简便，又能达到较理想的效果（图4~图5）。

（4）材料装饰。用各种馅心本身的色彩来装饰。这种方法既能增加美感，又增加营养。例如，四喜饺子上面会有一些蔬菜的颗粒装饰，知了饺的两个眼睛用红豆或者青豆装饰。日常使用的食材有很多，如，动物性原料包含蛋白、蛋黄、海参、蟹粉、火腿、虾仁等，植物性原料包含青红椒、香菇、木耳、红豆、青豆等（图9~图10）。

无论是采用哪种配色方法，都要根据不同品种的需要，根据实践经验加以灵活运用。在配色中应注意色彩的浓淡和谐、配合得当，使制品更具有艺术感染力，通过制品外观的美感引人入胜、增添食欲。

## 颜色的提取方式

### 1. 果蔬榨汁的方式

（1）菠菜汁。菠菜洗净切碎，放入破壁机中，加入少量水，打成汁水后过滤使用（图11~图16）。

（2）南瓜汁。南瓜洗净切碎，放入破壁机中，加入少量水，打成汁水后过滤使用（图17~图20）。

（3）甜菜根汁。甜菜根洗净去皮切块，放入破壁机中，加入少量水，打成汁水后过滤使用（图21~图24）。

（4）栀子花果水。成熟的栀子花果实洗净，放入水中浸泡出色后，得到黄色汁水使用（图25~图28）。

### 2. 果蔬粉的制作

南瓜粉制作：南瓜切片后均匀地摆入烤盘中，放入90℃的风炉烤箱里烘干1小时，直到水分完全蒸发，然后进行研磨，放入破壁机中开启酱料模式，直接打成粉末状后过筛即可（图29～图34）。

也可以使用其他水分含量少的材料制成同样效果的果蔬粉（图35～图37）。

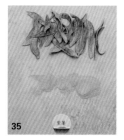
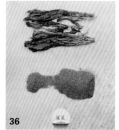

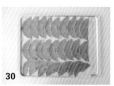

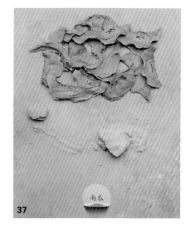

# 馅料的制作

## 馅料制作理论

馅料制作是面点制作中非常重要的部分。所谓好吃不在褶子上，馅料制作的好坏直接影响面点的口味、形态、特色、花色等。馅料制作与烹饪基本功密切相关，必须掌握菜肴制作的刀工刀法及常见的烹调方法等。

馅料又称馅心，是利用各种新鲜的原料经过精心加工，调制而成的包入坯皮中的材料。

面点馅料由于用料广泛、制法多样、调味多变而种类繁多。

按口味不同可分为咸馅、甜馅和咸甜馅；

按馅料所用原料性质分类，可分为荤馅、素馅和荤素馅；

按馅料制法又可分为生馅、熟馅；

按原料的加工形态一般可分为丁、丝、片、泥、茸等多种形态的馅料。

### 馅料制作的要求

#### 1. 馅料的水分与黏性

（1）生菜馅：一般选用新鲜的蔬菜，鲜嫩、柔软，但是蔬菜水分较多，会造成馅料黏性很差。所以要减少水分，增加黏性。比如菜切好以后，用一块纱布把菜包起来，用力挤水。另外，还可以添加油脂、鸡蛋、酱等辅料来增加馅的黏性，让它更好包捏。

（2）生肉馅，主要以猪肉、牛肉、羊肉等为原料的荤馅。肉里含有蛋白质，通过搅拌后黏性增加，为了不让肉质吃起来很柴，可适量增加水分（清水或者高汤），减少黏性。比如一些"水打馅"、小笼包馅料等。这样制成的馅料肉嫩汁多，味道鲜美。

（3）熟馅：缺点是黏性很差，这样，馅料就容易松散。一般加入黏性比较强的材料，比如枣泥、果酱等，制成的馅料有枣泥核桃馅、五仁馅、柚皮花生馅等。也可以用勾芡的方法，增加卤汁浓度和黏性，比如叉烧馅、卤肉馅、咖喱馅、五仁馅等。

（4）甜味馅：通常是通过蒸、煮或者加熟油的方法来调节馅心的干湿度。另外，在炒制过程中可以加糖、油来调节馅料的黏性，比如豆沙馅、紫薯馅、柚皮花生馅等。

### 2. 馅料的大小

为了防止馅料把面皮戳破，一般要把原料按照面点制品的要求加工成细小的形状，比如丁、粒、米、末、蓉等，便于制品成熟和包捏成形。

### 3. 馅料的口味

调制口味要比菜肴的口味稍微淡一些，因为面点制熟时卤汁会变浓。当然，具体调制时，要根据面点的特点和要求而定，如水煮的饺子，因为水分会使盐流失，可以适当咸一些。

### 4. 馅料的软硬

根据面点的成形特点来制作馅料。馅料要根据制品的要求调节软硬度、干湿度，避免面点在成熟时走形或者塌陷。一般造型类的点心需要硬质馅料，无特殊造型的点心可以是比较稀软的馅料。

# 榨菜鲜肉馅

◎ 材料准备

五花肉末····································· 200g

榨菜丝·······································80g

麻油·········································20g

葱花·········································20g

盐············································· 3g

酱油··········································· 5g

料酒··········································10g

蚝油··········································10g

◎ 制作步骤

1. 处理榨菜丝：榨菜丝洗净后，放入锅中用小火炒干水分，再加入麻油炒香，冷却（图1~图2）。

2. 搅肉上劲：五花肉末加盐打上劲，直到起黏性为止（图3~图5）。

3. 调味：依次倒入料酒、酱油、蚝油一起搅拌均匀（图6~图7）。

4. 混合成馅：倒入切好的榨菜丝、葱花一起混合均匀（图8~图9）。

5. 储存。如暂时不使用馅料，可适当冷藏。猪肉保鲜期最长不超过一天（图10）。

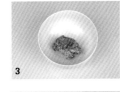

◎ 制作要领

1. 搅打馅料一定要打至起黏性，让其吃水更均匀。

2. 榨菜丝与肉末的比例可根据口味适当调整。

3. 选用的肉末以肥瘦相间为最佳。

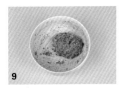

# 香菇猪肉馅

◎ 材料准备

五花肉末……………………………… 200g

泡发的香菇干（切成末）………………50g

胡萝卜末……………………………………50g

蚝油…………………………………………20g

生抽…………………………………………10g

盐…………………………………………… 5g

麻油………………………………………… 3g

◎ 制作步骤

1. 搅肉上劲。将五花肉末放入碗中，加入
   盐，用手顺时针搅拌上劲至起黏性（图
   1~图3）。

2. 调味。依次加入生抽、蚝油，搅拌均匀入味
   （图4~图7）。

3. 加入辅料。然后将切好的香菇末以及胡萝
   卜末放入，继续搅拌均匀（图8）。

4. 调香。最后淋入麻油适当搅匀。放入冰箱
   冷藏片刻再使用（图9）。

◎ 制作要领

1. 应选肥瘦相间的五花肉。

2. 香菇与胡萝卜应切得细碎，与肉末状态接
   近。

3. 肉末必须搅打上劲至起黏性。

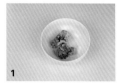

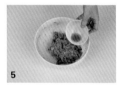
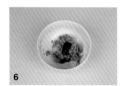

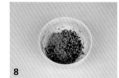

# 肥肉烧饼馅

◎ **材料准备**

猪肥肉····················· 150g

虾米······················70g

葱花······················90g

盐························10g

鸡精······················ 2g

料酒······················10g

◎ **制作步骤**

1. 准备材料。将猪肥肉洗干净，切成小指头粗细的肉条，撒上盐常温腌渍2天。然后再取出切粒待用（图1～图3）。

2. 腌渍。虾米挑拣去壳后，切成玉米粒大小，用料酒浸泡10分钟（图4～图5）。

3. 搅拌。把猪肥肉和虾米混合均匀（图6）。

4. 调味。加入葱花、鸡精搅拌均匀即可（图7～图9）。

◎ **制作要领**

1. 猪肥肉通过腌渍后入口即化。

2. 葱花的加入使口味更加香醇。

3. 温州人也喜欢在里面加入少量腌渍的黄瓜，口感更好。

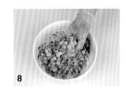

# 叉烧肉馅

◎ 材料准备

| 五花肉 | 1500g |
|---|---|
| 调味料： | |
| 　红星二锅头 | 10g |
| 　李锦记叉烧酱 | 50g |
| 　鸡精 | 15g |
| 　李锦记蚝油 | 10g |
| 　冰糖 | 60g |
| 　咸亨南乳汁 | 20g |
| 　葱姜末 | 100g |
| 　生抽 | 10g |
| 　老抽 | 10g |
| 葱（垫烤盘用） | 200g |
| 色拉油 | 适量 |

◎ 制作步骤

1. 准备材料。将五花肉洗净，调味料放入碗中混合均匀（图1~图2）。
2. 腌渍。盖上保鲜膜常温或者冷藏腌渍6~12小时（图3~图4）。
3. 烘烤。烤箱开到200℃，烤盘底下垫一张油纸，再垫上葱，在葱上刷色拉油，再把肉摆上去。注意烘烤时隔10~20分钟翻一次面，烤约2小时（图5~图8）。
4. 刀工处理。烤到肉酥烂，上色后取出切片，再切粒待用。烤上色的葱切成葱花（图9~图11）。
5. 混合馅料。将肉和葱花混合，搅拌均匀，入冰箱冷藏，随用随拿（图12）。

◎ 制作要领

1. 肉要腌渍入味。
2. 烘烤时注意翻面，防止烤焦。
3. 烤好的肉可依个人食用习惯，切片食用。
4. 如短时间无法食用完，可置于冰箱冷冻储存。

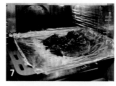

# 猪油

◎ 材料准备

猪板油 ································· 500g

葱、姜 ································· 各适量

◎ 制作步骤

1. 刀工处理。猪板油切颗粒状（图1）。

2. 熬制。准备锅，将切好的肉粒放入锅中，放上葱、姜，小火熬煮出油（图2~图4）。

3. 榨油。在量比较大的情况下可以选择放入破壁机中直接打碎，然后取出过筛（图5~图6）。

4. 凝固。将过筛后的猪油倒入盆中自然凝固即可（图7）。

5. 存储。放入冰箱冷藏或者在阴凉处避光存储（图8）。

◎ 制作要领

1. 开小火熬煮，以防猪油颜色变黄。

2. 颗粒尽量切得细小，方便出油。

3. 可适当多做些，冷藏储存。

# 皮冻

◎ 材料准备

| | |
|---|---|
| 猪皮 | 300g |
| 蒸用水 | 900g |
| 盐 | 适量 |

◎ 制作步骤

1. 清洗猪皮。猪皮入水煮沸，煮沸约4分钟。目的是为了去除表面杂质，煮软附着在肉皮表面的肥肉（图1~图2）。

2. 刀工处理。然后用刀片去除表面多余的肥肉，再把肉皮切成条（图3）。

3. 煮制。再把切好的肉皮条放在干净的沸水里煮约4分钟，一边煮，一边除去表面的浮沫（图4）。

4. 蒸制。取出肉皮条，加入三倍（900g）水，包上保鲜膜入锅隔水蒸制2小时，直至猪皮能用筷子夹断即可（图5~图7）。

5. 破壁。将煮烂的肉皮条放进破壁机打碎，入网筛过滤掉杂质，等待凝固（图8~图11）。

6. 刀工处理。最后将凝固完成的皮冻切成碎末状等待调馅（图12~图14）。

7. 食用。蒸好的猪皮是软的，直接放凉，冻在里面，可加入喜欢的调味料进行凉拌食用。凝固的皮冻也可直接切块凉拌食用。

◎ 制作要领

1. 肥肉要去除干净，肥肉里的油脂会使皮冻不够清澈。

2. 煮沸时，浮沫要去除干净。

3. 加入三倍水前要将肉皮表面的杂质用水冲干净。

4. 皮冻要彻底凉凉后刀工处理再使用。

5. 选用洁白无褐点的猪皮。

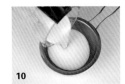

# 紫薯馅

◎ 材料准备

紫薯……………………………… 100g
白糖………………………………20g
无盐黄油…………………………20g
打发的动物淡奶油…………………40g

◎ 制作步骤

1. 提前准备。将紫薯洗净，切块后上锅蒸约30分钟，趁热捣成泥，过筛备用（图1）。
2. 调制馅料。加入白糖、无盐黄油、打发的动物淡奶油搅拌均匀（图2~图4）。
3. 装入保鲜膜。将馅料装入保鲜膜，搓条后入冰箱冷冻凝固（图5~图6）。
4. 分剂。将冷冻好的馅料取出切分，并且搓圆即可（图7~图8）。
5. 如果有硅胶圆球模具，可将馅料先挤入模具直接定型（图9~图11）。
6. 制好的馅料入冰箱冷冻随取随用（图12）。

◎ 制作要领

1. 可将紫薯更换成红薯、南瓜等粗粮，制作成不同的馅料。
2. 馅料的大小由面点制品的大小来决定。

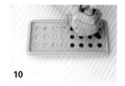

# 蛋黄南瓜馅

◎ **材料准备**

盐 ························································ 适量

白酒 ···················································· 适量

熟南瓜泥 ········································· 100g

熟咸鸭蛋黄 ····································· 100g

◎ **制作步骤**

1. 烤蛋黄。将熟咸鸭蛋黄加入少量的盐和白酒，放入17℃的烤箱中烤到出油（图1）。

2. 过筛。趁热放在网筛上过筛出蛋黄粉备用（图2~图4）。

3. 调制。将蛋黄粉与熟南瓜泥混合均匀（图5~图6）。

4. 冷冻。将馅料装入保鲜膜，搓条入冰箱冷冻至凝固（图7）。

5. 分剂。将冷冻好的馅料取出，切剂，并且搓圆待用（图8~图9）。

6. 如果有硅胶圆球模具，可将馅料先挤入模具直接定型（图10）。

7. 制好的馅料入冰箱冷冻，随取随用。

◎ **制作要领**

1. 分剂大小要均匀。

2. 冷冻使用，便于包捏。

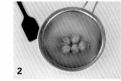

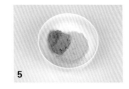

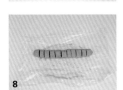

# 蛋黄豆沙馅

◎ 材料准备

新鲜咸蛋黄………………………… 适量
白酒…………………………………… 适量
盐……………………………………… 适量
红豆沙………………………………… 适量

◎ 制作步骤

1. 将新鲜咸鸭蛋黄放进铺有锡纸的烤盘里，加盐和白酒腌渍5分钟（图1~图2）。
2. 烘烤。放入170℃的烤箱中烘烤大约10分钟，直至表面出油，取出待用（图3~图4）。
3. 包制。准备好红豆沙，分成约20g/个大小，将烤好的蛋黄包入收圆即可（图5~图9）。
4. 存储。可入冰箱冷冻，随用随拿（图10）。

# 枣泥核桃馅

◎ 材料准备

烤熟的核桃仁……………………………… 100g

枣泥（蒸熟的红枣）……………………… 100g

红豆沙……………………………………… 100g

白酒………………………………………… 5g

◎ 制作步骤

1. 刀工处理。将烤熟的核桃仁切碎，枣泥捣烂备用（图1～图2）。

2. 调制馅料。将核桃与枣泥混合均匀后加入红豆沙搅拌均匀，再倒入白酒混合均匀成团（图3～图6）。

3. 分剂。将馅料搓成剂条，再用刮板平均切成16份剂子（图7～图8）。

4. 搓圆。将剂子用双手搓圆待用即可（图9～图10）。

5. 存储。如短时间无法用完，可置于冰箱冷冻储存。

◎ 制作要领

1. 红枣和豆沙本就自带甜味，可不加糖。

2. 加入白酒是为了馅料更加香醇，也可不加。

3. 坚果不可储存太久，否则口感不脆。

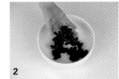

# 芝麻馅

◎材料准备

熟黑芝麻粉·······························100g
熟白芝麻粉·······························100g
白糖········································40g
淡奶油······································40g
黄油········································50g

◎制作步骤

1. 调制。将所有材料（除黄油外）放进一个碗里混合均匀（图1～图3）。
2. 加油。然后加入黄油搅拌均匀（图4）。
3. 分剂。将馅料分成均匀的剂子即可（图5）。

# 柚香花生馅

◎材料准备

柚子皮酱····································60g
蜂蜜·······································20g
炒熟的白芝麻·······························50g
熟花生碎····································30g
白糖·······································20g

◎制作步骤

1. 准备材料。将所有馅料混合均匀，用手抓至能成团后分成30g/个的剂子待用即可（图1～图4）。
2. 可密封冷冻储存。
3. 柚子皮酱可替换成其他果肉的酱。

# 水调面团

## 水调面团制作理论

### 水调面团概念

概念：水调面团主要由面粉和水混合调制而成，又称为呆面、死面。

特点：组织严密，质地坚实，内无蜂窝孔洞，不膨胀，富有弹性、韧性、可塑性。熟制成为成品之后，爽滑，筋性强，而且不疏松。

分类：冷水面团、温水面团、热水面团。3种面团由于水温不同，面团特性不一样，成品效果也不一样。

1. 冷水面团的调制

冷水面团是用冷水（水温一般在30℃以下或常温水）与面粉调制而成的面团。冷水面团具有质地硬实、筋力足、韧性强、延伸性好、色白、口感爽滑有劲的特点，适宜制作煮、烙等制成的面食，如面条、水饺、春卷、馄饨、馅饼等。

调制要领：

（1）正确掌握水量。要根据不同品种要求、面粉的质量、温度、空气湿度等灵活掌握。

（2）严格控制水温。水温必须要低于30℃，才能保证冷水面团的特性。

（3）灵活控制水量。根据不同面粉的吸水量，可分多次加水。

（4）揉面力气适当。使劲揉搓，致密面筋网络的形成需要借助外力的作用，揉得越透，面筋吸水越充分，面团的筋性越强，面团的色泽越白，延伸性越好。

（5）适当醒面。将揉好的面团盖上保鲜膜静置一段时间，让面筋得到松弛，延伸性增大，使面团更加柔软、光滑、富有弹性。醒面至少需30分钟。

2. 温水面团的调制

温水面团是用50℃左右的温水和面粉混合调制而成的面团。温水面团色白，有一定的筋力、韧性和较好的可塑性，做出的成品不易走样变形，口感适中。常用于制作家常饼、蒸饺、花式蒸饺等面点制品。

调制要领：

（1）水温、水量要准确。水温保持

50～60℃即可。

（2）散热。和面完成时应该散去热气，如散不净，淤积在面团内的热气会使面团容易结皮，表面粗糙、开裂，也会使淀粉继续膨胀糊化，面团逐渐变软、变稀，甚至粘手。所以应散去面团中的热气以后再揉制成光滑均匀的面团。

### 3. 热水面团的调制与要领

热水面团是用70℃以上的热水与面粉混合调制而成的面团。热水面团黏糯、柔软，色略暗，无筋力，有韧性和可塑性，延伸性不如温水面团。适合制作烧卖、锅贴、烫面蒸饺、薄饼等面点制品。

调制要领：

（1）热水要浇匀。调制过程中，要边浇水边和面，浇水要匀，搅拌要快，水浇完，面拌好。浇匀的目的有两点：一是使淀粉都能糊化产生黏性；二是使蛋白质变性，防止生成面筋，把面烫熟烫透。否则，制品成熟后，表面也不光滑。

（2）放凉。调制好的面，要摊开或者切成小块让它快速把热气散去。否则，制成的制品容易结皮，表面粗糙，容易开裂。

（3）加水量准确。热水面坯加水量比冷水面多，一般是每500克粉加250～350克水。面粉里的淀粉糊化时要吸收大量水分。调制时加水一定要准确，在和面时要一次性加足，不能成坯后再去调整软硬度，这和冷水面团的分次加水是完全不同的。面坯形成后，如果发现面坯过硬再加热水，不易揉匀；如果发现水量过多太软再加面粉，则又容易出现夹生的现象。

（4）揉匀。揉面时揉均匀即可，不要多揉，否则容易上劲，失去烫面的特点。烫面时，初步拌和后，还要均匀淋洒些冷水，借此驱散热气，使制品口感软糯而不粘牙。

# 紫薯花边饺子

花边饺子的制作主要在于食指与拇指的指尖，这个手法又称挤推法，指将面皮捏在食指与拇指的指尖，两个指头交替将面皮往前推送形成花纹。

◎材料准备

紫薯面团·······························60g

馅料································· 120g

◎制作步骤

1. 调面。紫薯粉混和面粉加水混合成团后，将面团揉到表面光滑。方法参考基本功揉面（图1）。

2. 调馅。准备一份香菇鲜肉馅（图2）。

3. 搓条。将面团搓成均匀的剂条（图3）。

4. 分剂。将剂条均匀地分成6份（图4）。

5. 擀皮。将分好的剂子通过压剂后擀成直径8cm的圆皮（图5~图6）。

6. 上馅。面皮放在手掌，将馅料约20g挑入压实，面皮向上对折平行（图7~图8）。

7. 封口。面皮对折捏紧口子（图9）。

8. 捏褶。利用拇指与食指左右互推的方法捏出褶子，捏褶顺序从左往右（图10~图12）。

9. 成熟。沸水上锅蒸10分钟，趁热蘸醋食用。

◎制作要领

捏面的范围越小，纹路就越细致。

◎成品质量

大小均匀，纹路细致。

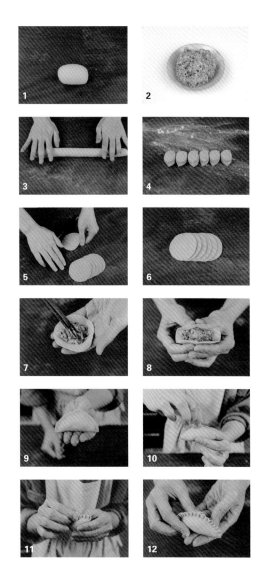

# 东北大水饺

东北大水饺是北方人民快速制作饺子的挤饺。手法相当迅速，指的是将包好馅料的饺子放在双手掌中，利用拇指与食指的力道往里挤压使其形成大肚形。根据每个人的手纹不同，不同的人做的饺子都是各有不同。

◎材料准备

冷水面团……………………………………60g

馅料……………………………………… 120g

◎制作步骤

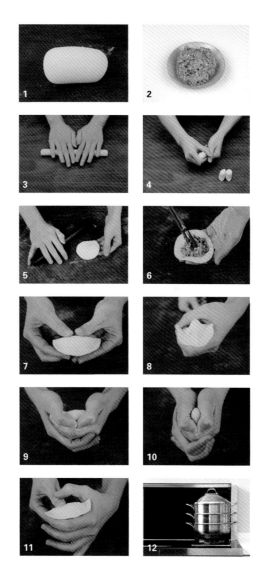

1. 调面。水和面粉混合成团后,将面团揉到表面光滑。方法参考基本功揉面(图1)。

2. 调馅。准备一份馅料(图2)。

3. 搓条。将面团均匀地搓成剂条(图3)。

4. 分剂。将剂条均匀地分成6份(图4)。

5. 擀皮。将分好的剂子通过压剂后擀成直径8cm的圆皮(图5)。

6. 上馅。面皮放在手掌,将馅心约20g挑入压实(图6)。

7. 封口。面皮对折捏紧口子(图7)。

8. 捏褶。将饺子边围绕在食指上,左右手的食指重叠后,拇指压在食指上往里挤压,使其形成大肚,并且将手纹留在面皮上形成特殊的纹理(图8~图11)。

9. 成熟。沸水上锅蒸10分钟,趁热蘸醋食用(图12)。

◎制作要领

捏面的范围越大,馅料就越集中。

手纹越明显,饺子的纹路也就越清晰。

◎成品质量

大小均匀,馅大肚圆。

# 柳叶饺

柳叶饺因为形状细长、形似柳叶而得名，捏制的手法为先捏再推。

◎材料准备

菠菜汁面团·····················60g

馅料·······················200g

◎制作步骤

1. 调面。菠菜汁和面粉混合成团后，将面团揉到表面光滑。方法参考基本功揉面（图1）。

2. 调馅。准备一份香菇猪肉馅。见香菇猪肉馅的调制（图2）。

3. 搓条。将面团均匀地搓成剂条（图3）。

4. 分剂。将剂条均匀地分成6份（图4）。

5. 擀皮。将分好的剂子通过压剂后擀成直径8cm的圆皮（图5~图6）。

6. 上馅。面皮放在手掌上，将馅心约20g挑入压实。面皮对折呈两条平行线（图7~图8）。

7. 捏褶。左手拖住面皮，右手在饺子的右侧往里推，形成一个w的形状，用食指和拇指的指尖捏紧后往里推，依次把两边的面皮捏紧。以此类推，至少捏出10~12个褶子（图9~图12）。

8. 成熟。沸水上锅蒸10分钟，趁热蘸醋食用。

◎制作要领

捏面的范围越小，纹路就越细致。

◎成品质量

大小均匀，纹路细致，形似柳叶。

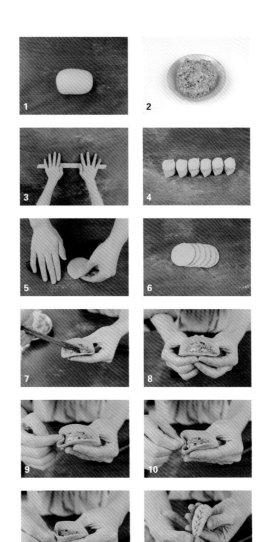

# 金鱼饺子

金鱼饺子形似小金鱼，形象生动可爱，适合作为蒸饺食用。

◎材料准备

温水面团······························60g
馅料································· 100g

◎制作步骤

1. 调面。栀子花水和面粉混合成团后，将面团
   揉到表面光滑。方法参考基本功揉面（图1）。
2. 搓条。将面团均匀地搓成剂条（图2）。
3. 分剂。将剂条均匀地分成6份（图3）。
4. 擀皮。将分好的剂子通过压剂后擀成直径
   8cm的圆皮（图4～图5）。
5. 上馅。面皮放在手掌上，将馅心约10g挑入
   中间侧边一点，压实（图6）。
6. 对折。对折后在馅料顶端捏紧作为身体，后
   边空心部分作为尾巴与身体的交界处。嘴巴
   处折进去，呈两个鱼泡眼，放置馅料（图
   7～图10）。
7. 捏褶。在肚子顶端用花边饺的手法捏出鱼
   鳍，再放上青豆装饰眼珠（图11～图12）。
8. 成熟。沸水上锅蒸10分钟，趁热蘸醋食用。

◎制作要领

捏面的范围越小，纹路就越细致。

◎成品质量

大小均匀，纹路细致，形似金鱼。

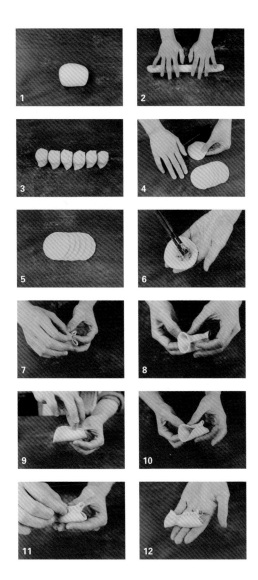

# 白菜饺子

白菜饺子是花式蒸饺里边比较复杂的作品，作品温润素净，形似白菜，绿白相间，纹路细腻。

◎材料准备

白色面团……………………………40g

绿色面团……………………………40g

馅料…………………………………60g

◎制作步骤

1. 拼接。将绿色面团擀成长方形，白色面团搓
   条，然后包裹在一起收紧口子，再均匀地搓
   成剂条（图1~图3）。

2. 分剂。将剂条均匀地分成6份（图4~图5）。

3. 擀皮。将分好的剂子通过压剂后擀成直径
   8cm的圆皮（图6~图8）。

4. 上馅。面皮放在手掌上，将馅心约10g挑入
   压实（图9）。

5. 五等分。面皮五等分（图10~图11）。

6. 捏褶。然后用拇指与食指均匀地推出褶子，
   形成叶子的纹理，使叶子自然地卷曲，最后
   制出白菜的造型（图12~图16）。

7. 成熟。沸水上锅蒸10分钟，趁热蘸醋食用。

◎制作要领

面皮五等分，收口要捏紧实，叶脉纹路要细
致。

◎成品质量

大小均匀，纹路细致，形态饱满，形似白菜。

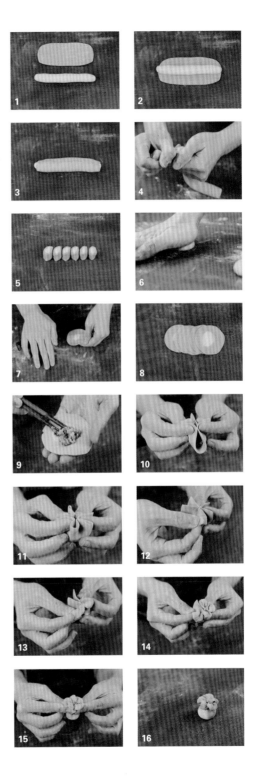

# 四喜饺子

四喜饺子为4色彩色馅料的花式蒸饺，馅料分为内馅和外馅。寓意为人生有四喜：久旱逢甘露，他乡遇故知，洞房花烛夜，金榜题名时。

温水面团…………………………………60g
馅料……………………………………60g

◎制作步骤

1. 调面。水和面粉混合成团后，将面团揉到表面光滑。方法参考基本功揉面（图1）。
2. 搓条。将面团均匀地搓成剂条（图2）。
3. 分剂。将剂条均匀地分成6份（图3）。
4. 擀皮。将分好的剂子通过压剂后擀成直径8cm的圆皮（图4~图5）。
5. 上馅。面皮放在手掌上，将馅料约10g挑入，压实（图6）。
6. 四等分。面皮四等分（图7）。
7. 捏孔。然后细致地捏出4个孔洞，边角见方使四喜饺子看起来方正。在4个孔里塞入不同的馅料（图8~图10）。
8. 成熟。沸水上锅蒸10分钟，趁热蘸醋食用。

◎制作要领

捏面的范围越小，纹路就越细致。

◎成品质量

大小均匀，寓意深远。

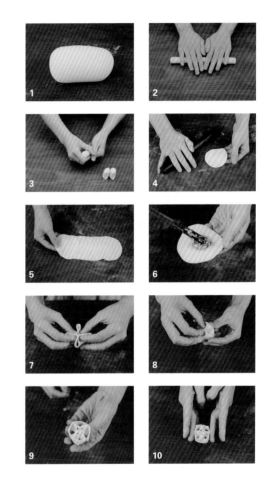

# 知了饺子

又称蝴蝶饺子，因其带有两个象形翅膀而得名。

◎ **材料准备**

黄色面团……………………………………60g

馅料…………………………………………60g

◎ **制作步骤**

1. 调面。水和面粉混合成团后，将面团揉到
   表面光滑。方法参考基本功揉面（图1）。

2. 搓条。将面团均匀地搓成剂条（图2）。

3. 分剂。将剂条均匀地分成6份（图3）。

4. 擀皮。将分好的剂子通过压剂后擀成直径
   8cm的圆皮（图4~图5）。

5. 撒粉。在面皮表面撒粉，三等分后折进两
   个边（图6~图7）。

6. 上馅。面皮反过来，将馅料约10g挑入，压
   实（图8）。

7. 成形。然后从底下翻起收紧口子，再在另
   一半对折成眼睛。并收紧接缝处，在翅膀
   处捏出花边。在眼孔放入两个熟红豆（图
   9~图14）。

8. 成熟。沸水上锅蒸10分钟，趁热蘸醋食用。

◎ **制作要领**

面皮三等分，眼睛孔洞大小要一致。

◎ **成品质量**

大小均匀，形态逼真。

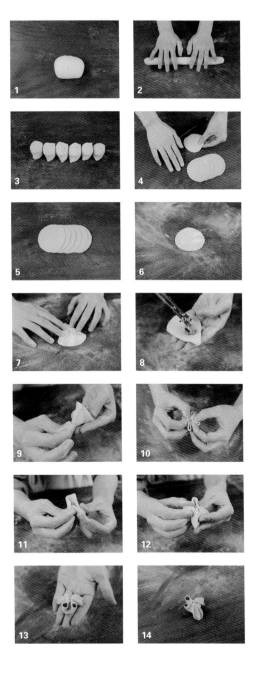

# 鸳鸯饺子

鸳鸯饺子为阴阳面，形似鸳鸯，造型别致。

◎**材料准备**

白色面团·····························30g
黄色面团·····························30g
馅料·······························100g

◎**制作步骤**

1. 调面。将两块面团揉到表面光滑并且合并在一起。方法参考基本功揉面（图1）。
2. 搓条。将面团均匀地搓成剂条（图2）。
3. 分剂。将剂条均匀地分成6份，并且用手压扁（图3~图5）。
4. 擀皮。将分好的剂子通过压剂后擀成直径8cm的圆皮（图6~图7）。
5. 上馅。面皮放在手掌上，将馅料约10g挑入，压实（图8）。
6. 二等分。面皮二等分，中间顶端捏紧（图9）。
7. 成形。将两头对折打开，两边再捏合，形成阴阳面（图10~图12）。
8. 成熟。沸水上锅蒸10分钟，趁热蘸醋食用。

◎**制作要领**

面皮二等分。

◎**成品质量**

大小均匀，纹路细致，色彩分明。

# 冠顶饺

冠顶饺因为形似古人官帽上的顶子，故名冠顶饺。又似山峦耸立，又叫金山饺。

粉色面团·····································60g

馅料·······································100g

1. 调面。红菜头水和面粉混合成团后，将面团揉到表面光滑。方法参考基本功揉面（图1）。

2. 搓条。将面团均匀地搓成剂条（图2）。

3. 分剂。将剂条均匀地分成6份（图3）。

4. 擀皮。将分好的剂子通过压剂后擀成直径8cm的圆皮（图4~图5）。

5. 三等分。面皮表面撒粉，撒粉面朝上三等分（图6~图7）。

6. 上馅。面皮反过来，放入约10g馅料（图8）。

7. 成形。将三边往上收紧，捏紧口子。翻出花瓣，后在中间捏出花边纹路即可（图9~图12）。

8. 成熟。沸水上锅蒸10分钟，趁热蘸醋食用。

面皮三等分，花边纹路要细致。

大小均匀，纹路细致，形态工整。

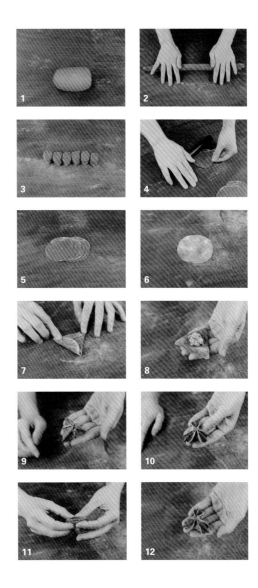

# 月牙饺

月牙饺因为形似月牙而得名。又因纹路排排坐，形似瓦楞而称为瓦楞饺。捏褶的手法主要在食指的指边与拇指的指腹上。

温水面团·······························60g

馅料······························· 120g

◎制作步骤

1. 调面。水和面粉混合成团后，将面团揉到
   表面光滑。方法参考基本功揉面（图1）。

2. 搓条。将面团均匀地搓成剂条（图2）。

3. 分剂。将剂条均匀地分成6份（图3）。

4. 擀皮。将分好的剂子通过压剂后擀成直径
   8cm的圆皮（图4～图5）。

5. 上馅。面皮放在手掌上，将馅料约20g挑
   入，压实（图6）。

6. 对折。面皮对折呈两条平行线，前面矮于
   后面（图7）。

7. 捏褶。从右边开始捏，将食指指边靠在
   拇指指腹，捏住面皮往前推捏出一折，第
   二折的时候，拇指往前移一步，再捏着面
   皮往前推捏第二折，以此类推，至少捏出
   10～12个褶子（图8～图11）。

8. 成熟。沸水上锅蒸10分钟，趁热蘸醋食
   用。

◎制作要领

捏面的范围越小，纹路就越细致，褶子就
越多。

◎成品质量

大小均匀，纹路细致，形似月牙。

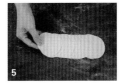

# 小笼包

小笼包别称小笼馒头，源于北宋京城开封灌汤包，南宋时在江南流行，并逐步演变而成，是江南地区著名的传统小吃。

拇指与食指的关系是拇指垂直于食指上。拇指放在面皮的里边，并且把面皮粘在拇指上，用拇指的力量捏着面皮往前走，多余的面皮往后边跑，忌堆积在拇指前面。每一褶都要捏扁。想要纹路做得好，必须与左手密切配合，收口要多次练习，反复寻找手感，终得要点。

◎面皮准备

热水面团⋯⋯⋯⋯⋯⋯⋯⋯⋯60g

◎馅料准备

五花肉末⋯⋯⋯⋯⋯⋯⋯⋯⋯ 100g

盐⋯⋯⋯⋯⋯⋯⋯⋯⋯⋯⋯⋯⋯ 1g

生姜末⋯⋯⋯⋯⋯⋯⋯⋯⋯⋯ 3g

调味料：

料酒⋯⋯⋯⋯⋯⋯⋯⋯⋯⋯⋯ 3g

米醋⋯⋯⋯⋯⋯⋯⋯⋯⋯⋯⋯ 3g

酱油⋯⋯⋯⋯⋯⋯⋯⋯⋯⋯⋯ 2g

麻油⋯⋯⋯⋯⋯⋯⋯⋯⋯⋯⋯ 适量

皮冻粒⋯⋯⋯⋯⋯⋯⋯⋯⋯⋯30g

◎制作步骤

1. 搅打。将五花肉末放入盆中，加盐、生姜末去腥，用手顺一个方向搅拌打上劲，直到肉变成嫩粉色以及肉质变得有黏性（图1）。

2. 调味。依次加入调味料（保持上劲的状态）（图2）。

3. 加辅料。然后加入备好的皮冻粒，轻轻搅拌均匀（图3）。

4. 调香。最后滴入适量麻油拌匀。然后入冰箱冷藏。如是夏天，馅料冷藏后更佳。

5. 调面。水和面粉混合成团后将面团揉到表面光滑。方法参考基本功揉面（图4）。

6. 搓条。将面团均匀地搓成剂条（图5）。

7. 分剂。将剂条均匀地分成6份（图6）。

8. 擀皮。将分好的剂子通过压剂后擀成直径8cm的圆皮（图7）。

9. 上馅。面皮放在手掌上，将馅料约20g挑入，压实（图8）。

10. 成形。折出均匀的纹路，18褶以上，最后轻轻地把收口慢慢提上来，捏紧口子。（图9~图13）。

11. 成熟。沸水上锅蒸10分钟，趁热蘸醋食用（图14）。

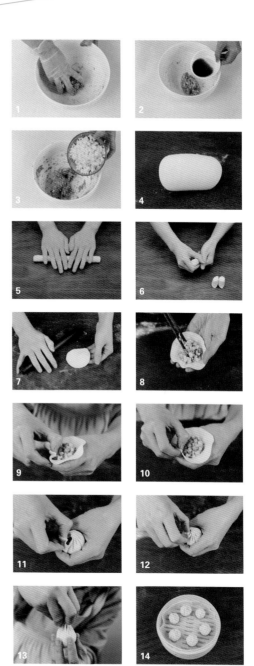

◎制作要领

面团要柔软细腻，褶子要均匀，收口要紧。动作熟练轻巧。

◎成品质量

汤汁鲜美，大小均匀，纹路不少于18褶，不破皮，不漏底。

# 手擀面

当滚热的葱油撞到浑身有劲的面条时，瞬间油香、葱香、面香四溢。

◎材料准备

中筋粉·······································200g

鸡蛋·································· 3个（约110g）

盐···········································2g

拌面材料：

生抽·····································10g

熬好的葱油·······························50g

◎制作步骤

1. 和面。鸡蛋、盐混合均匀，搅拌到盐溶化，
   倒入面粉中（图1）。用刮面板从里到外将
   面粉与鸡蛋液融合，直至面粉吸收水分到
   无干粉（图2~图3）。

2. 揉面。用手掌根用力地将面揉成团，并
   且揉透（手擀面偏硬，可选择压面机压
   面）。包上保鲜膜，入冰箱醒面20~30分
   钟（图4~图6）。

3. 擀面。再取出擀成薄片，撒上手粉，再横向
   折叠起来（图7~图9）。

4. 切面。切成粗细0.1~0.2cm的面条（图
   10）。

5. 煮面。锅中加水和少许盐一起煮开，放入面
   条，煮至断生（图11）。

6. 拌面。碗里放入少量刚刚熬好的葱油，淋
   入少量生抽，拌入面条即可食用（图12）。

7. 可顺便烫少许蔬菜一同食用。

◎制作要领

1. 面要醒透，醒得越透，面越筋道。

2. 尽量用中高筋粉，加点盐口感更筋道。

3. 面条要擀叠得薄而不破，粉要多撒，防止
   粘连。

4. 做好的面条可进行分装后冷冻储存，可存1
   个月。食用时再直接入热水锅煮开，无须解冻。

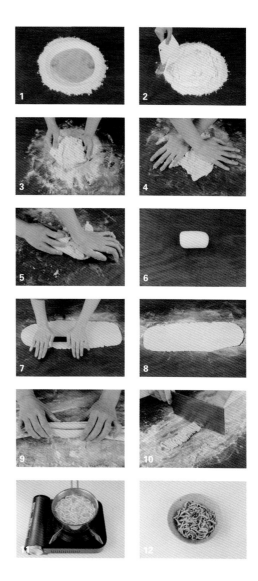

◎成品质量

粗细均匀，口感筋道、爽滑。

# 发酵面团

## 发酵面团制作理论

### 发酵面团的概念

发酵面团是在调制面团过程中，添加蓬松剂或采用特殊膨胀方法，使面团发生生化反应、化学反应或物理反应，从而改变面团性质，产生蜂窝组织，使体积膨胀的面团。

特点：疏松、柔软、体积膨胀、充满气体、饱满、有弹性、制品呈海绵状结构。

分类：发酵面团根据其膨胀方法的不同，大致可分为生物发酵面团、化学发酵面团和物理发酵面团三种。

1. 生物发酵面团即在面粉中加入适量酵种（或酵母），用冷水或温水调制而成的面团。这种面团通过微生物和酶的催化作用，具有体积膨胀、充满气孔、饱满、富有弹性、暄软的特点。例如，常见的馒头、花卷等属于生物发酵面团制品。

2. 化学发酵面团就是将适量的可食用的化学蓬松剂加入面粉中调制而成的面团。它是利用化学蓬松剂发生的化学变化，产生气体，使面团疏松膨胀。这种面团的成品具有蓬松、酥脆的特点，一般使用糖、油、蛋等辅助原料调制而成。例如油条、开花包等属于化学发酵面团制品。

3. 物理发酵面团是利用机械力的充气方式和面团内的热膨胀原理（包括水分受热的气化），在加热熟化过程中使制品保持气体而质地蓬松。其特点是制品营养丰富，松酥柔软适口，易被人体消化吸收。一般多用来制作蛋糕等面点。

### 面团发酵的原理

面团中引入酵母菌，酵母菌即可用葡萄糖（面团中的淀粉在淀粉酶的作用下分解而成）作为养分，在适宜的温度下，迅速繁殖增生，它们体内分泌出一种复杂的有机化合物——酶（又称酵素），它能促使单糖分子分解为乙醇和二氧化碳，同时产生热量。酵母菌不断繁殖并分泌酶，二氧化碳随之大量生成，并被面团中面筋网络

包住不能逸出，从而使面团出现了蜂窝组织、变得蓬松柔软，并产生酸味和酒香味。

## 影响面团发酵的因素

1. 温度。

温度是影响酵母菌生长繁殖最主要的因素之一。酵母生长的适宜温度是27～32℃，最合适的温度是27～28℃。酵母的活性随着温度的升高而增强，面团产气量也随之大量增加，发酵速度加快。这是因为在不同温度下，酵母菌的活动能力也不相同。

在0℃以下，酵母菌没有活动能力；在30℃，酵母菌的活动能力最稳定，繁殖最快；在32～38℃，酵母菌活力随温度升高而降低；60℃以上，酵母菌死亡，彻底丧失生长繁殖能力。因此，在调制面团时，选用约30℃的水是较为合适的。

2. 酵母。

酵母对面团发酵的影响主要在两方面：

（1）酵母的发酵能力。酵母的发酵能力直接影响面团的发酵。酵母发酵能力强，面团发酵速度快；酵母发酵能力弱，面团发酵速度慢。一般来说，酵母较面肥发酵能力强，液体鲜酵母、压榨鲜酵母比活性干酵母发酵能力强。

（2）面团中酵母的用量。一般来说，同一面团中酵母数量增加，面团发酵的速度也随之加快，发酵时间缩短；酵母数量减少，则面团发酵速度减慢，时间也延长。酵母用量要根据实际情况而定。例如，气温高，面团发酵快，可以少放酵母；反之，就要适当多放。但酵母数量增加，不能超过一定限度，超过一定限度反

而会抑制酵母的活力。酵母用量一般占面粉的1%~2%。

3. 面粉。

面粉对发酵的影响主要指面筋和淀粉酶的作用。发酵面团具有保持气体的能力是因为面团中含有弹性而又有延伸性的面筋，是因为面粉中蛋白质在30℃以下与水结合形成面筋网络，从而能保持气体并促进面团的胀大。

（1）面粉中的蛋白质含量过高，则生成的面筋网络较多，保持气体能力过强，反而会抑制面团的胀大，延长发酵时间。

（2）面粉中蛋白质含量过低，面筋容易拉伸，保持气体能力弱，结果是面团易塌陷，组织结构不好，制品不蓬松。

因此，制作发酵制品，应选择面筋含量适中且筋力强的面粉。有时候会将低筋粉和高筋粉进行掺和使用。

4. 加水量。

在发酵过程中，加水量的不同，形成的面团软硬程度也不同。面团的软硬程度与面团产生气体和保持气体的能力有密切的关系。

面团软，面坯比较软，则发酵速度快，发酵时间短，发酵时易产生二氧化碳，但面团太软，气体易散失。

面团硬，面坯坚实，有抗二氧化碳气体产生的性能，发酵时间长，但面筋网络紧密，保持气体的性能良好。

所以加水量具体应根据面粉的质量、性能，气温的高低，面团的用途等因素来具体掌握，调节好软硬。面粉与水的比例一般约为2：1。

### 5. 糖的浓度。

面团发酵过程中糖的浓度会影响酵母菌活性。糖是酵母的养分，糖的加入可以促进面团的发酵，糖的使用量一般控制在7%～10%，产气能力大，否则受到抑制。根据面团用途，加糖量超过7%的情况下，可以选择"高糖酵母"。糖加得越多，面团越软，但可以适当加入少量盐来抑制糖的摄入，使其更好地发酵。

### 6. 时间。

以上各种因素相互制约、相互影响。所以面团发酵时间的长短，我们要根据面团的状态进行准确判断，来调整时间。

发酵时间长，产生气体多，则面团容易发酵过度，产生的酵味越大，面的弹性也越差，制出的成品坍塌不成形。

发酵时间短，则产生气体少，面团发酵不足，制出的成品色泽差，不够松软。

因此，要从多方面考虑发酵状态，准确掌握时间，取得良好的发酵效果。

鉴别面团是否发酵好，见下表。

**面团发酵鉴别**

| 视觉 | 发酵好的大小比原先要大，切好的棱角会变圆，纹理变饱满 |
|---|---|
| 触觉 | 用指腹轻压会回弹，感到里边有气体存在 |
| 嗅觉 | 鼻子轻闻有微微的酸甜味 |
| 切面 | 用刀切面表面会有均匀细致的气孔生成 |

# 基础发酵面

## ◎材料准备

| | |
|---|---|
| 面粉 ························· | 100% |
| 清水 ························· | 50% |
| 白糖 ························· | 10% |
| 酵母 ························· | 1% |
| 油 ·························· | 5% |

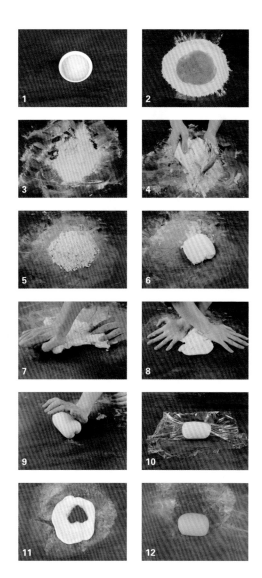

## ◎制作步骤

1. 调制酵液。白糖、清水和酵母用筷子搅拌混合均匀直至白糖溶化（图1）。

2. 和面。将酵液倒入面粉中开始和面，配合刮面板由内而外地将面粉和水抄拌成棉絮状，无多余干粉即可（图2~图5）。

3. 成团。将棉絮状面快速叠压成团，防止水分流出（图6）。

4. 揉面。双手用力将面团揉透，如揉面困难可将面团摊开，抹上水再揉制。光滑一面一直朝下，保持一个速度和力度，可用手腕或手臂或垫脚助力将面团揉到表面光滑即可（图7~图8）。

5. 收光。将揉好的面团进行收光收拢使其紧致，不松垮（图9~10）。

6. 造型。根据成品要求制作成需要的造型再进行后续的操作（图11~图12）。

7. 调色。也可根据制品的颜色需要，调入适量可食用的色粉制成有色面团。

## ◎制作要领

1. 水量。面粉掺水量要适当，软硬度适中，太软易粘手，太硬不易揉面。

2. 酵母量。控制酵母数量，冬天可以适量多加1克酵母。

3. 揉面。面团需要揉至表面光滑，否则成品表面不光滑。

4. 清水可替换成等量的果蔬汁或者牛奶。夏天可用冰水和面。

5. 动作。揉面动作要迅速有效，讲究快狠准，揉面量少的面团时间控制在10分钟内。

6. 力度。揉面力度要大，如力度太小则无法将面团揉透。手温太高容易导致面团提早发酵。

## ◎成品质量

表面光滑，质地紧密。

# 刀切馒头

刀切馒头又称实心馒头，是发酵面团中最为朴实的代表作，以此为标准可看出操作者的水平高低。

◎ 材料准备

中筋粉·························· 200g
水···························· 100g
酵母·························· 2g
白糖·························· 20g
油···························· 10g

◎ 制作步骤

1. 调制酵液。白糖、水、酵母、油用筷子搅拌混合均匀直至白糖溶化（图1）。

2. 和面。将酵液倒入面粉中开始和面，配合刮面板由内而外地将面粉和水抄拌成棉絮状，无多余干粉即可（图2~图5）。

3. 成团。将棉絮状面快速叠压成团，防止水分流出（图6）。

4. 揉面。双手用力将面团揉透，如揉面困难，可将面团摊开，抹上水再揉制。光滑一面一直朝下，保持一个速度和力度，可用手腕或手臂或垫脚助力将面团揉到表面光滑即可（图7）。

5. 收光。将揉好的面团进行收光收拢使其紧致，不散乱（图8~图9）。

6. 卷面。先用擀面棍把面团擀成长方形，表面适当喷水后均匀地卷起（图10~图12）。

7. 搓条下剂。在搓条后用刀均匀地切剂6个（图13~图14）。

8. 发酵。放入发酵箱中开40℃发酵约30分钟至表面蓬松，内里气体生成。

9. 成熟。沸水上锅蒸10分钟，中间不要打开盖子。

◎ 制作要领

1. 面粉掺水量要适当。

2. 冬天可以适量多加1克酵母。

3. 面团需要揉至表面光滑，动作要迅速，力度要大。

4. 清水可替换成等量的果蔬汁或者牛奶。

◎ 成品质量

表面光滑，色泽均匀，质地蓬松。

# 黑米馒头

粗粮馒头是当代人所热爱的吃食，加入黑米有助于身体的代谢消化，但粗粮不可多加，以面粉的 1/3 左右为宜。

◎ 材料准备

中筋粉⋯⋯⋯⋯⋯⋯⋯⋯⋯⋯⋯⋯ 120g

黑米粉⋯⋯⋯⋯⋯⋯⋯⋯⋯⋯⋯⋯50g

水⋯⋯⋯⋯⋯⋯⋯⋯⋯⋯⋯⋯⋯⋯80g

白糖⋯⋯⋯⋯⋯⋯⋯⋯⋯⋯⋯⋯⋯15g

酵母⋯⋯⋯⋯⋯⋯⋯⋯⋯⋯⋯⋯⋯ 1g

色拉油⋯⋯⋯⋯⋯⋯⋯⋯⋯⋯⋯⋯ 5g

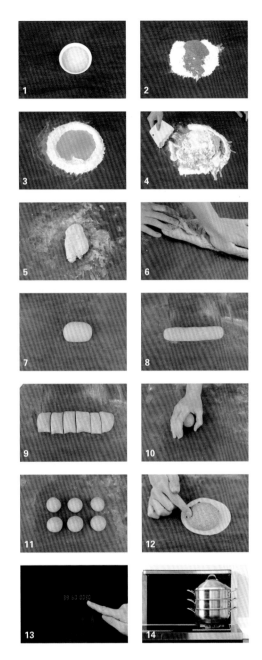

◎ 制作步骤

1. 制作酵液。白糖、水和酵母、色拉油用筷子搅拌混合均匀（图1）。

2. 和面。中筋粉和黑米粉混合均匀，用刮面刀开窝，倒入酵液，配合刮面刀由内而外将面粉和水抄拌成棉絮状（图2~图4）。

3. 成团。将棉絮状面快速叠压成团，防止水分流出（图5）。

4. 揉面。双手用力将面团揉透，如揉面困难可将面团摊开，抹上水再揉制。光滑一面一直朝下，保持一个速度和力度，可用手腕或手臂或垫脚助力将面团揉到表面光滑即可（图6~图7）。

5. 搓条。将双手放在面团上，由内往外地推搓，使面团粗细均匀地拉长（图8）。

6. 下剂。将剂子均匀地分成6个（图9）。

7. 收圆。将切好的剂子放在靠近手掌根的部位，下压并旋转使面团表面光滑（图10~图11）。

8. 发酵。入发酵箱40℃发酵到内里产生气体，表面蓬松（图12~图13）。

9. 成熟。入沸水锅中蒸制10分钟即可，中间禁止开盖（图14）。

◎ 制作要领

1. 面要揉至表面光滑。

2. 下剂大小要均匀。

3. 因为加了黑米粉，揉面时表面会略粗糙。

4. 黑米粉可以替换成其他粗粮粉。

◎ 成品质量

大小均匀，气孔细腻，质地蓬松。

# 双色黑芝麻卷

双色卷为很多制作者的爱好，加入黑芝麻可丰富成品的色泽与营养。

◎材料准备

发酵面团……………………………… 200g

熟黑芝麻粉……………………………30g

◎制作步骤

1. 准备面团。事先调制一块发酵面团,详细
   请看基础发酵面团(图1)。

2. 调芝麻面。分出一半面团加入熟黑芝麻
   粉,揉透并且收光(图2~图4)。

3. 卷面。将两块面团都擀成同样大小的长
   方形,适量喷水再重叠,然后均匀地卷起
   (图5~图9)。

4. 搓条。将双手放在面团上,由内往外地推
   搓,使面团粗细均匀地拉长(图10)。

5. 下剂。将面团均匀地切剂成6个(图11)。

6. 发酵。入发酵箱40℃发酵到表面蓬松,约
   30分钟(图12)。

7. 成熟。沸水上锅蒸10分钟,中间不要打开
   盖子(图13)。

◎制作要领

1. 揉面。面要揉透至表面光滑。

2. 擀面。擀面要方正。

3. 卷面。卷面时别让两头卷出,要卷得紧实。

4. 下剂。切剂要均匀,尽量切得宽一点。

5. 发酵。发酵注意温度、湿度平衡。

◎成品质量

大小均匀,质地蓬松,香味袭人。

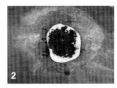

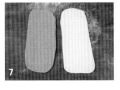

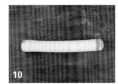
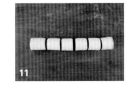

# 元宝馒头

古代的人生活贫困，金银财宝来之不易，教你把馒头做成元宝，积累手工的"财富"。

◎材料准备

栀子花黄色面团……………………80g

◎制作步骤

1. 准备面团。事先调制一块栀子花果实的发酵面团（图1）。

2. 搓条。将双手放在面团上，由内往外地推搓，使面团粗细均匀地拉长（图2）。

3. 下剂。将面团均匀地分成8个，每个10g（图3）。

4. 造型。取1个剂子，用手指头各压住1/3，并且压扁。然后将压扁的两头往中间包住即成元宝形（图4～图8）。

5. 发酵。入发酵箱40℃发酵到面团蓬松，内里产生气体，约30分钟（图9）。

6. 成熟。沸水上锅蒸10分钟，中间不要打开盖子（图10）。

◎制作要领

1. 揉面。面要揉至表面光滑，这一类造型馒头面团可以适当调硬一些。

2. 搓条。搓条注意粗细要一致，否则影响形态。

3. 造型。压面时注意比例以及厚薄度。

4. 发酵。发酵要充分，根据当时的气温以及面团状态来控制发酵时间。

◎成品质量

质地蓬松，口感柔软，形状饱满。

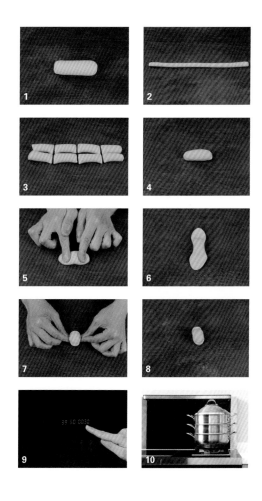

# 中国结馒头

中国结是中国传统文化的一个符号，寓意为团圆、吉祥、美满，也被赋予了亲情、友情、爱情、喜庆等内涵。我把馒头编成中国结，寄托我的美好祝愿。

栀子花黄色面团·························· 100g

制作步骤

1. 准备面团。事先调制一块栀子花黄色面团
   （图1）。

2. 下剂。将面团均匀地分成4个（图2）。

3. 搓条。将摘好的剂子进行二次搓条，搓成
   大约50cm长（图3～图4）。

4. 琵琶结。将面条的左侧弯出画成一个8字，
   然后重复2次，最后收口塞进中心圆即可
   （图5～图12）。

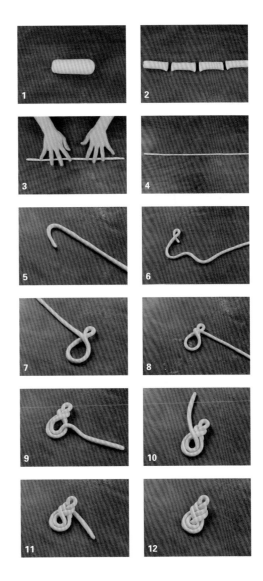

5. 吉祥结。将面条搓成约60cm长，围成方正的形态后，再变成十字形。从上开始逆时针数数，依次为1、2、3、4条线，利用1压2、2压3、3压4、4压1的方法，制成吉祥结。最后再收紧线条即可（图13～图21）。

6. 发酵。入发酵箱40℃发酵到面团蓬松，内里产生气体，约30分钟（图22）。

7. 成熟。沸水上锅蒸制10分钟即可，中间不要开盖。

◎制作要领

1. 揉面。面要揉透至表面光滑，这一类造型馒头面团可以适当调硬一些。

2. 搓条。搓条注意粗细要一致，否则影响形态。

3. 编织。注意长短，控制好大小，最好编织无多余的面团。

4. 发酵。发酵要充分，根据当时的气温以及面团状态来控制发酵时间。

◎成品质量

质地蓬松，口感柔软，线条清晰。

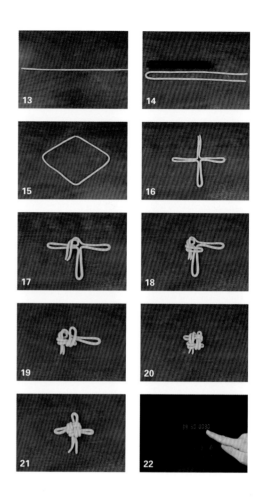

# 紫薯玫瑰花包

含苞待放的玫瑰花是送给心上人的礼物，同时还夹带着紫薯的清香。

◎材料准备

| | |
|---|---|
| 中筋粉 | 150g |
| 紫薯粉 | 3g |
| 清水 | 70g |
| 酵母 | 1g |
| 白糖 | 10g |
| 油 | 5g |

◎制作步骤

1. 调制酵液。白糖、清水和酵母、油用筷子搅拌混合均匀，直至白糖溶化（图1）。

2. 和面。将酵液倒入中筋粉与紫薯粉的混合粉中开始和面，配合刮面板由内而外地将面粉和水抄拌成棉絮状，无多余干粉即可（图2~图5）。

3. 成团。将棉絮状面快速叠压成团，防止水分流出（图6）。

4. 揉面。双手用力将面团揉透。如揉面困难可将面团摊开，抹上水再揉制。光滑一面一直朝下，保持一个速度和力度，可用手腕或手臂或垫脚助力，将面团揉到表面光滑即可（图7）。

5. 搓条下剂。搓条后，用刀均匀地分剂21个（图8~图10）。

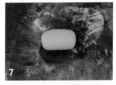

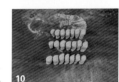

6. 擀皮。把每个剂子擀成直径约6cm的圆皮，6张叠成一组（图11）。

7. 造型。中间适当下压后，取一个剂子搓成花心，放在面皮的一头，将面皮卷起，然后用刮板对切，一分为二（图12~图17）。

8. 发酵。放入发酵箱中40℃发酵约30分钟至表面蓬松，内里气体生成（图18）。

9. 成熟。沸水上锅蒸10分钟，中间不要打开盖子（图19）。

◎ 制作要领

1. 水量。面粉掺水量要适当，软硬度适中，太软易粘手，太硬不易揉面。

2. 酵母量。控制酵母量，冬天可以适量多加1克酵母。

3. 揉面。面团需要揉到表面光滑，否则成品表面不光滑。

4. 清水可替换成等量的果蔬汁或者牛奶。夏天可用冰水和面。

5. 面皮重叠时错开大约一指宽。

6. 卷好的花朵可适当整形，使其更加圆整。

◎ 成品质量

表面光滑，色泽均匀，形似花朵。

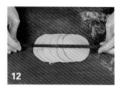

# 萝卜包

白白胖胖的象形萝卜包，如假包换！做出这样的效果必须要有过硬的造型能力。

◎材料准备

发酵面团·····································180g

豆沙馅料·····································60g

◎制作步骤

1. 准备面团。事先调制一块发酵面团，详细
   请看基础发酵面团（图1）。

2. 搓条。将双手放在面团上，由内往外地推
   搓，使面团粗细均匀地拉长（图2）。

3. 下剂。将面团均匀地摘剂6个，每个约30g
   （图3）。

4. 擀皮。将摘好的剂子进行每个单独收光
   后，擀成直径6cm中间厚于周边的面皮待
   用（图4～图5）。

5. 上馅。将豆沙馅料分成10g/个，包入面皮
   中，轻轻地收紧口子（图6～图7）。

6. 造型。手上适当抹水，搓成水滴状，做成
   萝卜的造型。顶部用筷子戳出萝卜头，然
   后掐一点面团搓成须，安装在萝卜的身上
   （图8～图11）。

7. 发酵。放入发酵箱40℃发酵约30分钟。

8. 成熟。沸水上锅蒸10分钟，中间不要打开
   盖子（图12）。

◎制作要领

1. 揉面。面要揉透至表面光滑。

2. 馅料。馅料要居中，否则容易歪头不正。

3. 造型。萝卜包成品形状大小不一，可根据
   实际情况来造型。

4. 发酵。发酵的状态可根据面团状态来判断。

◎成品质量

形似萝卜，口感绵软。

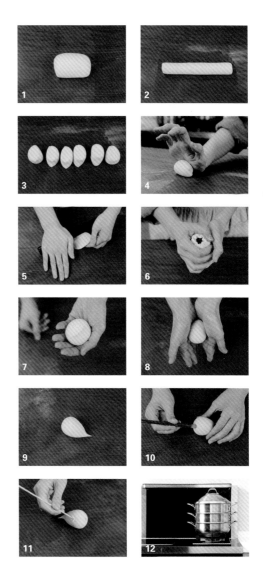

 蘑菇包是一款象形馒头，形似蘑菇，借用自然的发酵方法使其生成不规则的皱裂纹路，极其好看。

◎ 材料准备

发酵面团·······················140g

豆沙馅料·······················70g

◎ 制作步骤

1. 准备面团。事先调制一块发酵面团，详细
   请看基础发酵面团（图1）。

2. 搓条。将双手放在面团上，由内往外推
   搓，使面团粗细均匀地拉长（图2）。

3. 下剂。将面团均匀地摘剂7个，每个约20g
   （图3~图4）。

4. 擀皮。将摘好的剂子进行压剂后，擀成直径
   6cm中间厚于周边的面皮待用（图5~图7）。

5. 上馅。将豆沙馅料分成10g/个，包入面皮
   中，轻轻地收紧口子，留好尾巴作为蘑菇
   腿（图8~图11）。

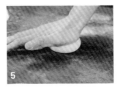

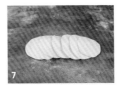

6. 造型。准备一个蛋挞锡纸壳，在上面剪一个直径约1.5cm的小孔，把面团收口处放上去，稍微用手压一下使其服帖（图12～图15）。

7. 刷酱。在上面刷一层事先调好的可可与水的混合酱，薄薄一层就好，再裹上一层干的可可粉，再刷去多余的粉，倒过来即完成操作（图16～图20）。

8. 发酵。入发酵箱40℃发酵到蘑菇包生成皲裂纹，约30分钟（图21）。

9. 成熟。锅中水烧开，放上蒸制10分钟即可（图22）。

◎ 制作要领

1. 揉面。面要揉透至表面光滑。

2. 馅料。馅料要居中，否则容易歪头不正。

3. 刷酱。酱要刷均匀，薄薄一层就好，粉要裹匀。

4. 发酵。发酵时尽量采用干燥发酵，不开湿度。

5. 可可糊。因为不同的可可粉都有不同的吸水量，可可糊抹的厚薄度都会影响皲裂的形状，只要有裂纹均为自然的样子。

◎ 成品质量

形似蘑菇，裂纹自然，口感绵软。

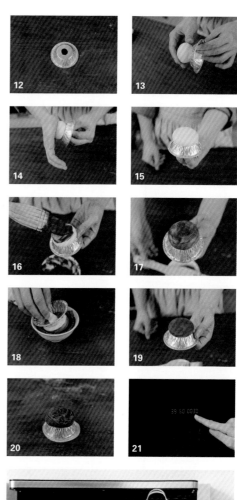

# 老面红糖馒头

老面的香醇是老一辈人的最爱，红糖也是馒头的绝美搭配。

◎ 材料准备

老面：

    高筋粉·····································50g

    白砂糖·····································4g

    干酵母·····································0.5g

    水·········································46g

主面团：

    高筋粉····································200g

    水·········································60g

    红糖······································14g

    老面······································100g

    酵母····························1g（也可不加）

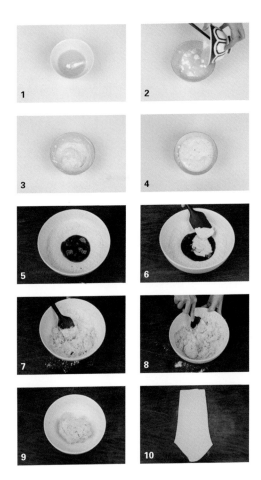

◎ 制作步骤

1. 制作老面。将老面的所有材料混合均匀后，发酵一个晚上（图1~图4）。

2. 调制酵液。红糖、水和酵母用筷子搅拌混合均匀直至红糖溶化（图5）。

3. 和面。将老面和面粉一次倒入酵液中，和水抄拌成棉絮状，无多余干粉成团（图6~图9）。

4. 压面。将面团放入压面机中压到表面光滑（图10）。

5. 卷面。在面团表面适当喷水后均匀地卷起
   （图11）。
6. 搓条下剂。均匀搓条后用刀均匀地切剂4个
   （图12～图13）。
7. 发酵。放入发酵箱中开40℃发酵约50分钟
   至表面蓬松，内里气体生成（图14）。
8. 成熟。沸水上锅蒸10分钟，中间不要打开
   盖子（图15）。

◎ 制作要领

1. 水量。面粉掺水量要适当，软硬度适中，
   太软易粘手，太硬不易揉面。
2. 酵母量。控制酵母数量，冬天可以适量多
   加1克酵母。
3. 揉面。面团需要揉透到表面光滑，否则成
   品表面不光滑。
4. 清水可替换成等量的果蔬汁或者牛奶。夏
   天可使用冰水和面。
5. 压面次数控制在20次左右即可。压面齿轮
   间距在1cm左右。
6. 红糖的颜色较浅，可适当加入2g老抽调色。
7. 红糖不可太多，否则糖多会抑制酵母的发
   酵，使其发酵时间延长。

◎ 成品质量

表面光滑，色泽均匀，质地紧密。

# 象形柿子馒头

肥满的柿子，最能治愈深秋的萧瑟和凉薄。用栀子花水调制的颜色，等待它慢慢变红。

◎ 材料准备

栀子花黄色面团·································90g

绿色面团·································10g

南瓜馅料·································10g/3个

◎ 制作步骤

1. 准备面团。事先调制一块栀子花黄色面团，详细请参考紫薯玫瑰包（图1）。

2. 搓条。将双手放在面团上，由内往外推搓，使面团粗细均匀地拉长（图2）。

3. 下剂。将面团均匀地切剂3个，每个30g（图3）。

4. 上馅。将切好的剂子进行擀皮后包入南瓜馅料，轻轻地收紧口子（图4~图5）。

5. 造型。用刮面板在中间轻轻地切割一条痕迹，但不割破，再把面团收口朝下摁使其形成扁柿的形状（图6~图7）。

6. 装饰。取一点绿色面团，做成柿子叶子，安装在柿子蒂上（图8~图9）。

7. 发酵。入发酵箱40℃发酵到面团蓬松，内里产生气体，约30分钟（图10~图11）。

8. 成熟。沸水上锅蒸10分钟，中间不要打开盖子（图12）。

◎ 制作要领

1. 揉面。面要揉透至表面光滑，这一类造型馒头面团可以适当调硬一些。

2. 馅料。馅料要居中，否则容易歪头不正。

3. 造型。柿子的造型多为不规则形状，可以根据实际造型调整大小。

4. 发酵。发酵时尽量采用干燥发酵。

◎ 成品质量

形似柿子，口感绵软，表面光滑。

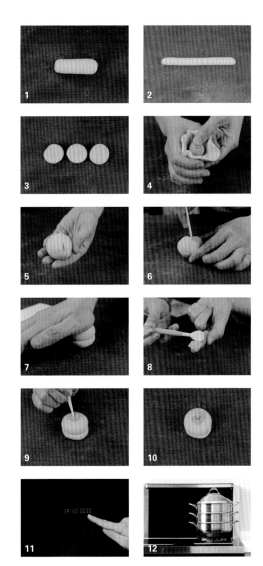

# 青橘馒头

橘子只能生长于南方。橘生南方则为橘，橘生北方则为枳。北方人要吃到橘子，必须从南方运输。而这柚香扑鼻、绵软口感的青橘馒头，你可以随时为自己而做。

菠菜汁发酵面团……………………… 200g

柚皮花生馅料…………………………… 100g

◎制作步骤

1. 准备面团。事先调制一块菠菜汁发酵面团（图1）。

2. 搓条。将双手放在面团上，由内往外推搓，使面团粗细均匀地拉长（图2）。

3. 下剂。将面团均匀地分成6个（图3）。

4. 擀皮。把每个剂子擀成直径约6cm的面皮，要求中间厚四周薄（图4）。

5. 上馅。放入准备好的柚皮花生馅料，收紧口子，口子朝下放整齐（图5~图7）。

6. 造型。取一个面团，准备一捆牙签，用牙签在面团上扎满孔，使其表皮呈现发皱的样子（图8）。

7. 装饰。用刮刀在上面刻出痕迹，再取竹签在橘子蒂上戳一个孔洞。再做一片叶子贴在上面（图9~图12）。

8. 发酵。入发酵箱40℃发酵到面团蓬松，内里产生气体，约30分钟。

9. 成熟。沸水上锅蒸10分钟，中间不要打开盖子。

◎制作要领

1. 揉面。面要揉至表面光滑，这一类造型馒头面团可以适当调硬一些。

2. 搓条。粗细要一致，否则影响形态。

3. 造型。戳孔时力度大一些，以防发酵完后孔洞不明显。

4. 发酵。发酵要充分，根据当时的气温以及面团状态来控制发酵时间。

◎成品质量

质地蓬松，口感柔软，形似橘子，柚香扑鼻。

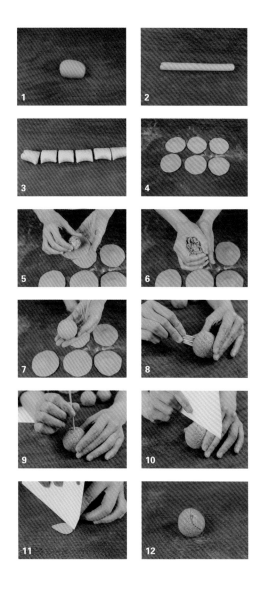

# 香蕉馒头

香蕉皮在成熟时表面会因为炭疽病生起斑点，但它对身体无害。那在做馒头时应该如何达到这种斑点效果呢？

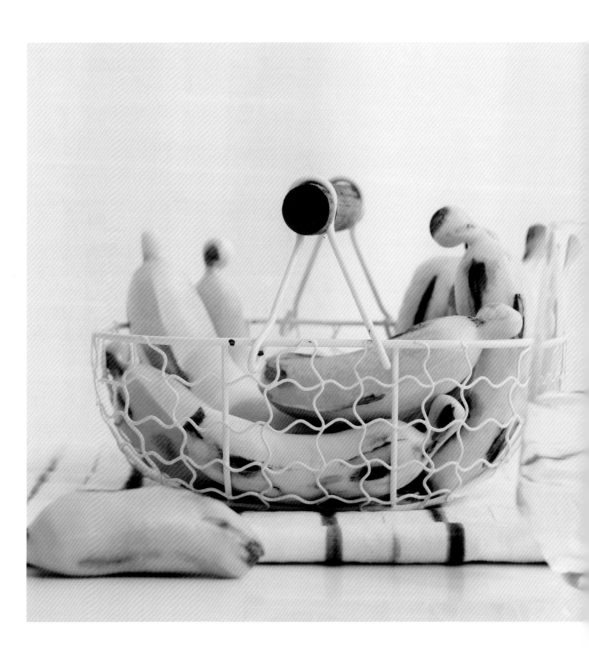

◎材料准备

黄色发酵面团……………………………… 100g

白色发酵面团……………………………… 100g

可可粉、绿茶粉…………………………… 适量

◎制作步骤

1. 准备面团。事先调制一块栀子花果实调制
   的发酵面团（图1）。

2. 擀面。将黄色发酵面团擀成长方片后，将
   白色发酵面团搓条包进去，搓成均匀的剂
   条（图2～图5）。

3. 下剂。平均分成6份，用盖子盖起来（不要
   用湿毛巾）（图6）。

4. 造型。拿出一个搓成香蕉形状，再用手捏
   出香蕉表面的棱线（图7～图9）。

5. 装饰。可可粉和绿茶粉适当掺水，在香蕉
   表面画出痕迹，形成斑点即可（图10～图
   11）。

6. 发酵。入发酵箱40℃发酵到面团蓬松，内
   部产生气体，约30分钟（图12～图13）。

7. 成熟。锅中水烧开后，放上蒸制10分钟即
   可（图14）。

◎制作要领

1. 揉面。面要揉至表面光滑，这一类造型馒
   头面团可以适当调硬一些。

2. 搓条。注意粗细要一致，否则影响形态。

3. 造型。因为香蕉的形状大小不一致，可以
   根据实际情况进行造型。

4. 发酵。发酵要充分，根据当时的气温以及
   面团状态来控制发酵时间。

◎成品质量

质地蓬松，口感柔软，形状饱满。

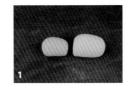

# 象形紫薯包

颜值超高的紫薯馒头，淡淡的紫薯色泽，配上糯香的紫薯馅料，里外都是美好的味道。

◎ 材料准备

紫色发酵面团······················· 180g
紫薯馅料························· 10g/6个

◎ 制作步骤

1. 准备面团。事先调制一块紫色发酵面团，
   详细请参考紫薯玫瑰包（图1）。

2. 搓条。将双手放在面团上，由内往外推
   搓，使面团粗细均匀地拉长（图2）。

3. 下剂。将面团均匀地切剂约6个，每个30g
   （图3）。

4. 擀皮。将切好的剂子进行压剂后，擀成直
   径6cm中间厚于周边的面皮待用（图4）。

5. 上馅。将紫薯馅料包入面皮中，轻轻地收
   紧口子（图5~图8）。

6. 造型。在手上适当抹水，将包好馅料的紫色
   面团搓成两头尖的造型。然后取一点面搓成
   须，安装在馒头上即可（图9~图12）。

7. 发酵。入发酵箱40℃发酵到面团蓬松，内
   里产生气体，约30分钟（图13）。

8. 成熟。沸水上锅蒸10分钟，中间不要打开
   盖子（图14）。

◎ 制作要领

1. 揉面。面要揉透至表面光滑，这一类造型
   馒头面团可以适当调硬一些。

2. 馅料。馅料要居中，否则容易歪头不正。

3. 造型。紫薯的造型多为不规则形状，可以
   根据实际造型调整大小。

4. 发酵。尽量采用干燥发酵，不开湿度。

◎ 成品质量

质地光滑，形似紫薯，口感绵软。

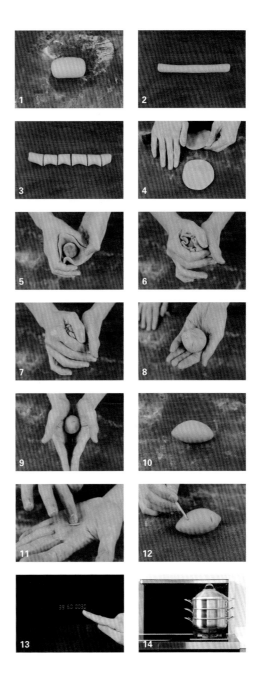

# 寿桃包

桃，鲜果也。经常看到老寿星手中捧着一个大寿桃。民间传说能得到此桃者，必能福寿尽享，长命百岁。我想把这个寿桃送给我最亲爱的人，希望你福寿安康。

◎ 材料准备

白色发酵面团····················· 200g

抹茶粉······························ 少量

南瓜馅料····················· 100g

◎ 制作步骤

1. 准备面团。事先调制一块白色发酵面团
   （图1）。

2. 搓条。将面团搓成粗细均匀的剂条（图2）。

3. 下剂。将面团均匀地分成7个（图3）。

4. 擀皮。把其中5个剂子擀成直径约6cm的面
   皮，要求中间厚四周薄（图4）。

5. 上馅。将准备好的南瓜馅料约20g放入，收
   紧口子，口子朝下放整齐（图5～图7）。

6. 造型。在手上抹一点水，搓成水滴状的桃
   子身体，收口朝下坐稳。用一根筷子从底部
   往上压出痕迹。捏出桃尖（图8～图11）。

7. 装饰。取剩下的2个面剂，加入少量抹茶
   粉，调成绿色，制成叶子的形状，在上面
   刻上叶子的纹路，在背面适当抹水后贴在
   桃子身上（图12～图14）。

8. 发酵。入发酵箱40℃发酵到面团蓬松，内
   里产生气体，约30分钟（图15）。

9. 成熟。沸水上锅蒸10分钟，中间不要打开
   盖子（图16）。

◎ 制作要领

1. 揉面。面要揉至表面光滑，这一类造型馒
   头面团可以适当调硬一些。

2. 下剂。下剂大小要均匀。

3. 造型。搓成水滴状时动作要干脆利落，否
   则容易起皱。

4. 发酵。发酵要充分，根据当时的气温以及
   面团状态来控制发酵时间。

◎ 成品质量

质地蓬松，口感柔软，色泽鲜艳，形状可爱。

# 粽子馒头

中国有多少地方，就有多少种粽子。有家乡的味道，也有妈妈的味道。今天介绍的这款粽子味道是甜的，口感是松软的。

◎材料准备

白色发酵面团……………………………… 200g
抹茶粉……………………………………… 适量
枣泥核桃馅料……………………………… 100g

◎制作步骤

1. 准备面团。事先调制一块白色发酵面团。
2. 搓条。将面团搓成粗细均匀的剂条（图1）。
3. 下剂。将面团均匀地分成7个（图2）。
4. 擀皮。把其中的5个剂子擀成直径约6cm的面皮，要求中间厚四周薄（图3）。
5. 上馅。将准备好的枣泥核桃馅料放入，收紧口子，口子朝下放整齐（图4）。
6. 造型。在手上抹一点水，搓成水滴状的粽子身体，收口朝下坐稳。取2个面剂加入少量抹茶粉调成绿色（图5）。
7. 装饰。将绿色面团擀成面片，在上面刻上平行的纹路，在背面适当抹水后贴在粽子身上，然后再搓一条小绳子扎在身上，最后在脸上画上表情即可（图6～图12）。
8. 发酵。入发酵箱40℃发酵到面团蓬松，内里产生气体，约30分钟。
9. 成熟。沸水上锅蒸10分钟，中间不要打开盖子。

◎制作要领

1. 揉面。面要揉至表面光滑，这一类造型馒头面团可以适当调硬一些。
2. 下剂。剂子大小均匀。
3. 造型。搓成水滴状时动作要干脆利落，否则容易起皱。
4. 表情。可根据个人的美感进行自由创作。
5. 发酵。发酵要充分，根据当时的气温以及面团状态来控制发酵时间。

◎成品质量

质地蓬松，口感柔软，色泽鲜艳，形状可爱。

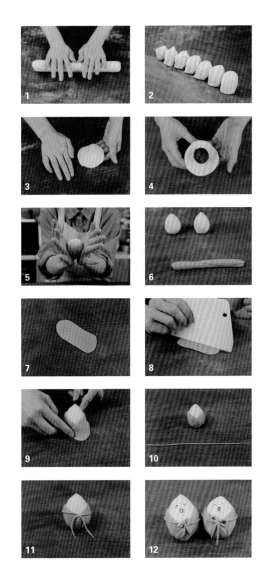

# 秋叶包

秋叶包同柳叶饺手法一致，因发酵后外形较宽大，故称秋叶包。

◎材料准备

发酵面团······························ 200g

麦青粉································· 2g

馅料

冬笋·······························50g

青菜······························ 100g

盐································· 3g

酱油······························ 2g

麻油······························ 5g

◎制作步骤

课前准备

馅料制作：冬笋冷水下锅煮熟，出锅切成碎末，与烫熟的青菜一起调味炒至入味放凉即可。

1. 准备面团。事先调制一块发酵面团，加入2g麦青粉，揉至表面光滑。详细请看基础发酵面团（图1~图3）。

2. 搓条。将双手放在面团上，由内往外推搓，使面团粗细均匀地拉长（图4）。

3. 下剂。将面团均匀地切剂6个（图5）。

4. 擀皮。将切好的剂子进行压剂后，擀成直径7cm中间厚于周边的面皮待用（图6）。

5. 上馅。将馅料包入面皮中，左手虎口托皮，右手捏褶（图7）。

6. 捏褶。利用右手的拇指和食指的指尖，捏住面皮往左捏紧，再往右捏紧为一个动作，再如此反复即可捏出秋叶纹路（图8~图10）。

7. 发酵。入发酵箱40℃发酵约30分钟，直至内里蓬松产生气体（图11）。

8. 成熟。沸水上锅蒸10分钟，中间不要打开盖子（图12）。

◎制作要领

1. 揉面。面要揉至表面光滑。

2. 馅料。馅料要居中，否则容易歪头不正。

3. 面皮。擀好的面皮要求中间厚四周薄。

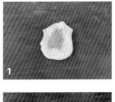 

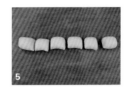 

4. 手法。尽量利用拇指与食指的指尖，捏紧实但不捏断。

5. 纹路。往前推的间距越小，纹路就越多；指头捏的范围越大，纹路就越粗。

◎成品质量

大小均匀，质地蓬松，口感绵软，形似秋叶。

103

# 开口提褶包

因为开口提褶包大多包入的为蔬菜，蔬菜加热过度容易变黄，所以给它留一个口，更能够留住颜色。

◎材料准备

发酵面团⋯⋯⋯⋯⋯⋯⋯⋯⋯⋯ 200g

木耳蔬菜馅料：

　黑木耳⋯⋯⋯⋯⋯⋯⋯⋯⋯30g

　胡萝卜丝⋯⋯⋯⋯⋯⋯⋯⋯20g

　青菜⋯⋯⋯⋯⋯⋯⋯⋯⋯ 100g

　盐⋯⋯⋯⋯⋯⋯⋯⋯⋯⋯⋯ 3g

　酱油⋯⋯⋯⋯⋯⋯⋯⋯⋯⋯ 3g

　麻油⋯⋯⋯⋯⋯⋯⋯⋯⋯⋯ 5g

◎制作步骤

课前准备

馅料制作：黑木耳与胡萝卜丝下锅煮熟，出锅切成碎末，与烫熟的青菜一起调味炒至入味放凉即可。

1. 准备面团。事先调制一块发酵面团，详细请看基础发酵面团（图1）。

2. 下剂。将面团均匀地摘剂7个（图2~图3）。

3. 擀皮。将摘好的剂子进行压剂后，擀成直径7cm中间厚于四周的面皮待用（图4~图5）。

4. 上馅。包入由青菜、胡萝卜丝以及黑木耳炒成的馅料，挑入面皮中，压实（图6）。

5. 捏褶。右手的拇指指尖尽量垂直在食指的指边上，然后使面皮粘在拇指上，靠着拇指的力量往前捏褶。往前捏的距离越均匀，纹路就越细致。之后要将褶子适当往上提，使其更加直挺而细长（图7~图10）。

6. 发酵。入发酵箱40℃发酵约30分钟，直至内里蓬松产生气体（图11）。

7. 成熟。沸水上锅蒸熟10分钟，中间不要打开盖子。

◎制作要领

1. 揉面。面要揉至表面光滑。

2. 馅料。馅料要居中，否则容易歪头不正。

3. 面皮。擀好的面皮要求中间厚四周薄。

4. 手法。尽量利用拇指与食指的指尖，捏紧实但不捏断。

5. 纹路。纹路要求最少为18个褶，拇指需要适当练习才能有力量。

◎成品质量

大小均匀，纹路清晰，质地蓬松，口感绵软。

# 闭口提褶包

包子分为开口和闭口。当一些汤汁比较多的馅料包进面团里时,为了锁住汤料,需要在封口时塞入一块面团使其更加紧密,不漏汤汁。

◎ **材料准备**

发酵面团························· 200g

叉烧馅料························· 120g

◎ **制作步骤**

1. 准备面团。事先调制一块发酵面团,详细请看基础发酵面团(图1)。

2. 搓条。将双手放在面团上,由内往外推搓,使面团粗细均匀地拉长(图2)。

3. 下剂。将面团均匀地摘剂7个(图3~图4)。

4. 擀皮。将摘好的剂子进行压剂后,擀成直径7cm中间厚于四周的面皮待用(图5~图7)。

5. 上馅。将馅料包入面皮中,左手虎口托皮,右手拇指负责捏褶(图8)。

6. 捏褶。右手的拇指指尖尽量垂直在食指的指边上,然后使面皮粘在拇指上,靠着拇指的力量往前捏褶。往前捏的距离越均匀,纹路就越细致。之后在收口处塞一块面团,再将褶子适当往上提,使其更加直挺而细长(图9~图13)。

7. 发酵。入发酵箱40℃发酵约30分钟,直至内里蓬松产生气体(图14~图15)。

8. 成熟。沸水上锅蒸10分钟,中间不要打开盖子(图16)。

◎ **制作要领**

1. 揉面。面要揉至表面光滑。

2. 馅料。馅料要居中,否则容易歪头不正。

3. 面皮。擀好的面皮要求中间厚四周薄。

4. 手法。尽量利用拇指与食指的指尖,捏紧实但不捏断。

5. 纹路。纹路要求最少为18个褶,拇指需要适当练习才能有力量。

◎ **成品质量**

大小均匀,纹路清晰,质地蓬松,口感绵软。

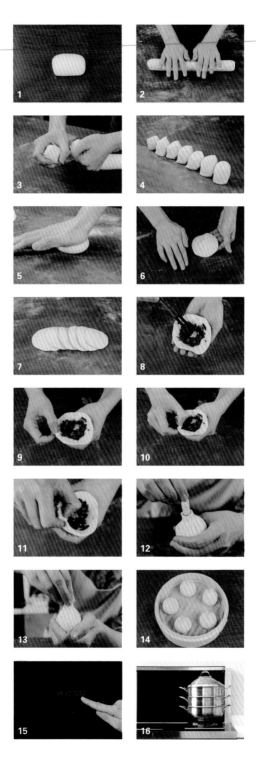

# 油酥面团

## 油酥面团制作理论

油酥面团是指用油和面粉作为主要原料调制而成的面团。其制品具有干香酥松、体积蓬松、色泽美观、口味多变、层次清晰等特点。

### 一、分类

油酥面团的品种繁多，制作要求各不相同，成形方法也各有特色，但按酥皮制作特点大致可分为单酥类和层酥类两种。其中层酥类根据使用原料及制作方法的不同，又有不同的分类。

（1）根据成品是否有分层，可分为层酥面团和单酥面团两种。

（2）根据成品是否看得到酥层可分为明酥、暗酥、半暗酥三种。

（3）根据酥层呈现的形式，分为圆酥、直酥两种。

（4）根据包酥面团的大小，可分为大包酥和小包酥两种。

（5）根据调制面团时是否放水，可分为干油酥和水油皮。

### 二、油酥面团的成团及酥松原理

#### 1. 油酥面团的成团原理

油酥面团成团主要是因为在调制面团时用了油脂。油脂是一种胶体物质，具有一定的黏性，当油渗入面粉内后，面粉颗粒被油脂包围，结合在一起，经过反复揉搓，扩大了油脂颗粒与面粉颗粒的接触面，充分增强了油脂的黏性，使其粘连逐渐成为面团。

#### 2. 油酥面团的酥松原理

（1）面粉颗粒被油脂颗粒包围、隔开，面粉颗粒之间的距离扩大，空隙中充满了空气。这些空气受热膨胀，使成品酥松。

（2）面粉颗粒吸不到水，不能膨润，在加热时更容易"炭化"变脆。

（3）酥皮面团的起酥原理。

①在调制干油酥时，面粉颗粒被油脂包围，面粉中的蛋白质、淀粉被间隔，不能形成网状结构，质地松散，不易成形。

②在调制水油面时，由于加水调制使其形成了部分面筋网络，整个面团质地柔软，有筋力，延伸性强。

③将两块面团相互包捏，互为表面，再经过反复擀叠，使其形成较多的层次。干油酥被水油面间隔，当制品生坯受热时，干油酥会被融化流走，使层次中有一定空隙。同时，油脂受热也不粘连，便形成非常清晰的层次。这就是起酥的基本原理。

# 三、开酥又称为包酥、起酥等，是将干油酥包入水油皮内，经擀薄、折叠形成层次的过程

## 1. 大包酥与小包酥

（1）大包酥。用的面团较大，一次可做较多的制品。特点是制作速度快、层次多、效率高，适合于一般油酥的大批量生产。这种方法对厨师的要求比较高，比如绣球酥、乳瓜酥。

（2）小包酥。用的面团较少，一般一次只能制作几个剂坯。特点是酥层均匀，面皮光滑，不易破裂，但制作速度慢、效率低，比如蛋黄酥、核桃酥等。

开酥的操作要领：

①水油面与干油酥的面皮软硬一致，比例适当。如水油面过多，成品坚实，酥层不清，会影响酥松。干油酥过多，不仅擀制时容易发生破皮现象，而且会出现漏馅、成形困难、成熟时易碎等问题。两者比例一般是2∶1，3∶2，4∶3。可随着厨师水平的提高来增加比例。

根据成熟方法品种要求确定水油面与干油酥的比例。例如，成品是用烘烤成熟的，水油面与干油酥的比例为2∶1，也可以更加接近。在油中炸成熟的，水油面与干油酥比例则为3∶2。

②将干油酥包入水油面中，挤出皮面里的空气，酥心居中，注意水油面皮四周厚薄要均匀，以免在擀制时酥层的厚薄不均匀。

③擀皮起酥时，两手用力均匀，向前用力，轻重适当，使皮的厚薄一致，如用力过大，会使油酥压向一面，或使水油面与油酥黏结在一起而影响分层起酥。同时要灵活掌握起酥方法来折叠，根据制品而定。

④尽量少用生粉，卷圆筒时要尽量卷紧，否则酥层间不易黏结，容易造成脱皮。

⑤擀皮时速度要快，手脚麻利，用力果断，避免过多重复多余的动作，尤其在冬季，面团在擀制时易发硬，擀制不当，成品层次会受到影响。在擀皮时要避免风吹，以免结皮。

⑥切剂时，刀要锋利，下刀干脆，防止层次粘连。切好的坯子应盖上一块干净湿布或保鲜膜，防止表皮干裂而影响成形，切好的剂子尽快包捏成形。

## 2. 明酥

凡成品酥层外露，表面能看见非常整齐均匀的酥层，都是明酥，如眉毛酥、荷花酥等。

酥层的形式因起酥方法（卷酥、叠酥和排酥）的不同而不同，一般酥层有圆酥和直酥两种。

（1）圆酥。酥层呈螺旋状态的是圆酥，利用折叠和卷酥制作而成。用圆酥来制作明酥制品，起酥卷时要卷得粗一些，剂子要切短一些，这样可使制品表面层次多而清晰，使成品更加美观。

圆酥的操作要领：

①卷时要卷紧，可适当喷点水，接口处抹蛋清，不然在成熟时易飞酥。

②用刀切剂时，下刀要利落，以防相互粘连。宜推刀切，不能锯切。

③按皮时要按正，擀时用力要均匀，螺旋纹不偏移。

④包馅时将层次清晰的一面朝外，如用两张面皮时，可用起酥好的一张作外皮。

（2）直酥。酥层呈垂直状态的是直酥，利用折叠或排酥的方法而成。这样的起酥方法一般用来制作立体的油酥造型，对酥层要求高。具体的操作方法见绣球酥、乳瓜酥等制品的制作。

（3）操作要领。明酥制品的质量要求较高，除油酥制品的一般要求外，特别要求表面要酥层清晰，层次均匀。

直酥的操作要领：

①起酥擀长方形薄片时，用力要均匀，厚薄要一致，形态规则。

②切条速度要快，要求宽度相等，均匀一致。

③坯皮刷蛋液不能多，否则会使酥层黏结，影响制品效果。

### 3. 暗酥

指在表面看不到层次，只能在侧面或者剖面才能看到层次的制品，如苏式月饼、核桃酥等。

操作时要注意：

①起酥时干油酥均匀地包在水油皮中。

②起酥时根据品种来决定使用卷酥或者叠酥的方法。卷酥层次均匀，叠酥胀性大。

③切酥下刀时，要利落，以防止相互粘连，要求没有明酥高。

④成熟方法多采用烘烤，因烤制时油脂容易挥发，口感较干，所以会多使用一些油脂。

⑤ 操作一气呵成，不吹风，尽量缩短裸露在空气里的时间。

### 4. 半暗酥

指酥层大部分藏在里边，只有少部分酥层外露的油酥，如蛋挞等。

不管哪一种有层次的酥点，都可以分别使用大小包酥来制成任意一款明酥或者暗酥或者半暗酥，所有的方法都可以进行融会贯通。

# 干油酥

干油酥的特点是不加任何辅料和水分，只有面粉和油脂组合而成。不具有延伸性和弹性，但具有酥性、可塑性和黏性。

◎材料准备

猪油······ 50%

低筋粉······ 100%

◎制作步骤

1. 打油。中式面点一般使用猪油来制作干油酥。取猪油放在台面上，用手掌根部打成一个顺滑的圆圈（图1~图2）。

2. 筛粉。将面粉过筛在打好的猪油上。将猪油均匀地覆盖住（图3~图4）。

3. 切油。利用刮板横竖均匀地切开，使面粉与猪油初步混合（图5~图6）。

4. 抄拌。将切好的猪油抄拌成无干粉的面团，此时还比较粗糙（图7）。

5. 搓面。用手掌根部将面团均匀地往前搓制，反复3遍，直到把面团搓细致为止（图8~图9）。

6. 收光。撒粉，将面团轻轻地来回收光，并且用保鲜膜包起来（图10~图12）。

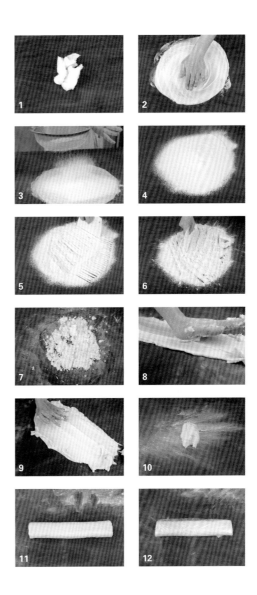

7. 调色。因为作品需要对干油酥进行调色，所以可以在原色的基础上进行调色。加入可食用的色粉，继续搓制（图13～图15）。

8. 成形冷藏。将搓好的干油酥进行成形冷藏，可存1个月（图16～图18）。

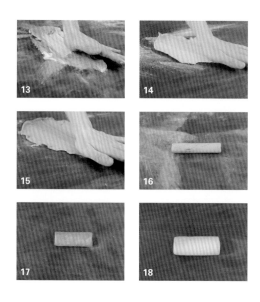

◎制作要领

1. 比例准确。粉油的比例为2：1，夏天可适当减少油脂。

2. 猪油可替换成黄油或者色拉油来调制。

3. 干油酥面团过于软黏为正常现象。

4. 冰箱存储后会变硬，可适当敲软再使用。

5. 因操作费时烦琐，可大批量制作，然后进行冷藏存储。

# 水油皮

它由水面粉和油脂合成，同时兼具水调面团的筋力和延伸性，又具备干油酥的柔顺和起酥性。但都比水调面团和干油酥的性质要弱一点，介于它们两者之间。它能与干油酥互为表里，使皮团具有良好造型和包捏状态，形成完美的造型和酥松特点。

◎材料准备

| 中筋粉 | 100% |
| --- | --- |
| 冷水（或者果蔬汁） | 50% |
| 白糖 | 10% |
| 油脂 | 20% |
| 色粉 | 2% |

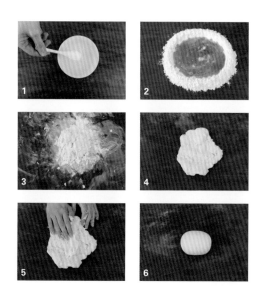

◎制作步骤

1. 手揉面。将所有原料除了油脂外混合均匀后用手揉至表面初步光滑，加入油脂继续揉制，直至面团把油脂完全吸收，再揉到表面光滑即可。包上保鲜膜放入冰箱里醒面（图1～图6）。

2. 机器打面。将所有原料除了油脂外混合均匀后打开3挡搅拌至表面初步光滑，加入油脂继续搅打，直至面团把油完全吸收，拿出来用手收光到表面光滑即可。包上保鲜膜，放入冰箱里醒面（图7~图14）。

3. 调色。如需额外调色也可放入色粉进行揉制，前加或者后加都可（图15~图18）。

◎ 制作要领

1. 面团的软硬度偏软，但不粘手。
2. 颜色的调制可以使用蔬菜汁或者果蔬粉。
3. 揉好的面团需要适当醒面20分钟，最长可以放一天的时间。
4. 水油面和干油酥需要配合使用，比例为水油面∶干油酥=2∶1。
5. 夏天需要适当冷藏面团，这样会更好操作。

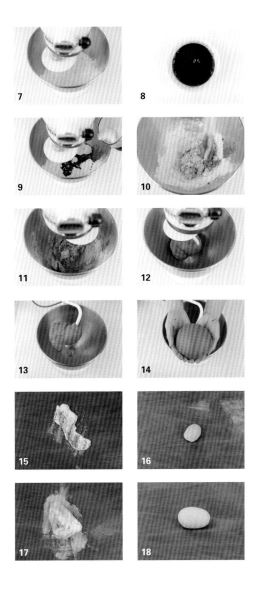

# 杏仁酥

杏仁酥以其干、酥、脆、甜的特点闻名全国。它制作简单，味道酥脆，非常可口，选料也是极其简单。

◎材料准备

猪油⋯⋯⋯⋯⋯⋯⋯⋯⋯⋯⋯⋯⋯⋯⋯65g

白糖⋯⋯⋯⋯⋯⋯⋯⋯⋯⋯⋯⋯⋯⋯⋯60g

鸡蛋液⋯⋯⋯⋯⋯⋯⋯⋯⋯⋯⋯⋯⋯⋯20g

低筋粉⋯⋯⋯⋯⋯⋯⋯⋯⋯⋯⋯⋯⋯ 125g

杏仁粉⋯⋯⋯⋯⋯⋯⋯⋯⋯⋯⋯⋯⋯⋯20g

鸡蛋液（装饰用）⋯⋯⋯⋯⋯⋯⋯ 适量

芝麻⋯⋯⋯⋯⋯⋯⋯⋯⋯⋯⋯⋯⋯ 适量

◎制作步骤

1. 打油。中式面点一般使用猪油来制作干油
   酥。取猪油放在台面上，用手掌根部打成
   一个顺滑的圆圈（图1～图2）。

2. 加糖。倒上白糖，继续以画圆的方式搅，
   直到白糖半化开（图3～图4）。

3. 加蛋液。再倒上鸡蛋液搅拌均匀至完全吸
   收（图5～图6）。

4. 加面粉。然后筛入低筋粉和杏仁粉，直至
   面粉覆盖住所有的油脂混合物。用刮刀将
   它切成均匀的颗粒状，然后抄拌均匀（图
   7～图9）。

5. 叠压。用手叠压3～4遍至无干粉状态即可
   （图10）。

6. 搓条下剂。搓成均匀的剂条，然后切成9份
   （图11～图12）。

7. 搓圆。将小剂子搓圆后压扁，整齐地码入
   烤盘（图13～图14）。

8. 装饰。在上面刷上蛋液，撒上适量芝麻
   （图15）。

9. 烘烤。烤箱打开180℃烘烤20分钟，直至
   表面金黄色即可（图16）。

◎成品质量

大小均匀，色泽金黄，口感酥松。

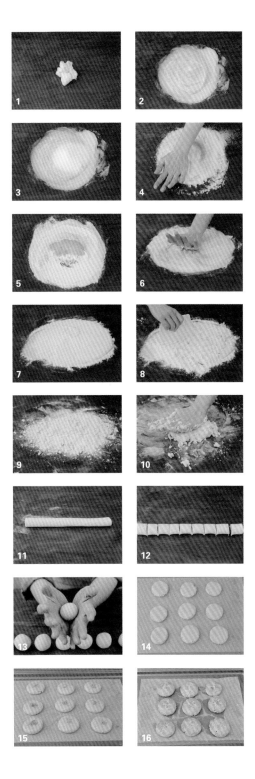

# 象形瓜子酥

精致小巧的瓜子酥，简直就是吃客们的幸福。形状如同葵花子一般，但不用嗑掉瓜子皮，将整个瓜子放入嘴中，轻轻一咬，满嘴的酥香，一颗接着一颗，让你完全停不下嘴来。

◎材料准备

白面：

　　低筋粉‥‥‥‥‥‥‥‥‥‥‥‥‥‥‥ 150g

　　细砂糖‥‥‥‥‥‥‥‥‥‥‥‥‥‥‥15g

　　无盐黄油‥‥‥‥‥‥‥‥‥‥‥‥‥‥25g

　　水‥‥‥‥‥‥‥‥‥‥‥‥‥‥‥‥‥60g

　　椒盐‥‥‥‥‥‥‥‥‥‥‥‥‥‥‥‥ 4g

黑面：

　　低筋粉‥‥‥‥‥‥‥‥‥‥‥‥‥‥‥ 150g

　　竹炭粉‥‥‥‥‥‥‥‥‥‥‥‥‥‥‥ 2g

　　细砂糖‥‥‥‥‥‥‥‥‥‥‥‥‥‥‥15g

　　无盐黄油 ‥‥‥‥‥‥‥‥‥‥‥‥‥25g

　　水‥‥‥‥‥‥‥‥‥‥‥‥‥‥‥‥‥60g

　　椒盐‥‥‥‥‥‥‥‥‥‥‥‥‥‥‥‥ 4g

◎制作步骤

1. 调面。分别调制两块面团，就是将所有
   的材料混合均匀后，揉成光滑的面团（图
   1）。

2. 分割。将面团擀薄成长方形，再将白色面
   团分成大小不同的5份，黑色分成4份，盖上
   保鲜膜醒面10分钟。将两种面团分别擀成差
   不多大小的长方片（图2~图5）。

3. 叠面。然后先取白面，依次叠上黑、白面，
   顺序是白黑白黑白黑白，共7层（图6~图9）。

4. 切条。把其中一边压出瓜子的尖部，并且
   切条，再依次做完剩下的部分，每条单独
   包保鲜膜入冰箱冷藏（图10~图12）。

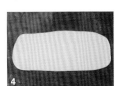

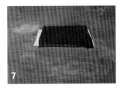

5. 切片。取出冷藏好的面皮，将面皮切成约0.2cm的厚度，大约先切20片（图13~图14）。

6. 上馅。取现剥的瓜子瓤包入面皮中间，再盖上一层面皮（图15~图19）。

7. 成形。用手将瓜子尖部拉长抿尖，底部收紧收圆，掐掉多余面团即可成形（图20~图23）。

8. 烘烤。放入预热至150℃的烤箱，烘烤约15分钟即可（图24）。

◎制作要领

1. 动作要熟练顺畅，要求快、狠、准。
2. 抿瓜子时很考究你的指尖力量，柔而不刚。
3. 制作完成的瓜子可冷冻储存。

◎成品质量

1. 大小：同真瓜子，小而精致。
2. 纹路：直而不歪扭。
3. 口感：酥脆。
4. 厚薄度：单片以1cm左右为准，太厚显得很笨重。
5. 质感：表面光滑而细腻，主要面要揉透一些。

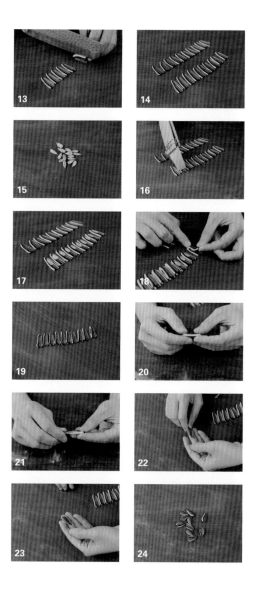

# 小包酥——双色荷花酥

四面荷花三面柳，一城山色半城湖。除了风姿绰约的荷花，还有一口香酥油润的荷花酥。

◎ 材料准备

白色/绿色水油皮 ……………………各80g

白色/绿色干油酥 ……………………各40g

枣泥核桃馅料………………………………80g

蛋液……………………………………… 适量

芝麻…………………………………… 适量


◎ 制作步骤

1. 准备面团。将准备好的面团和馅料平均分成
   4份备用（图1～图2）。

2. 包酥。将绿色干油酥包进绿色水油皮中，收
   紧口子（图3～图5）。白色同样操作。

3. 擀酥。将包好酥的绿面团轻轻地擀成长方形
   （图6）。

4. 折叠。进行3折叠，并且再重复擀开并再次3
   折叠，形成一张酥皮。同样完成白色的酥皮
   （图7～图10）。

5. 重叠。将绿色与白色的酥皮重叠在一起。适
   当擀成中间厚四周薄的正方形（图11～图
   12）。

6. 上馅。将准备好的馅料放进酥皮里，收紧口
   子（图13～图14）。

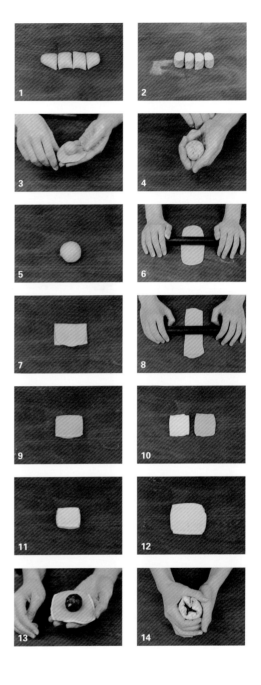

7. 刀割。将包好馅料的酥收口朝下，用锋利的美工刀平均切割3刀或2刀，形成6瓣或4瓣花瓣。深度控制在刚好切到馅料为宜（图15～图18）。

8. 点缀。在收口底部刷上蛋液，裹上芝麻，保证在加热过程中不散酥（图19～图21）。

9. 油炸。油温升到120℃，入锅养3分钟，然后继续升温至150℃后，再炸4分钟至酥皮清爽硬脆即可（图22～图25）。

◎ 制作要领

1. 水油皮、干油酥两块面团的软硬度要一致，否则极易失败。

2. 开酥用力要均匀，否则容易破酥。造型手法要熟练，否则容易层次不均匀。

3. 开酥时注意环境，不能吹风，否则面会干掉。

4. 叠酥时中间不要有干粉，以免无法黏合。

5. 油温要学会控制，否则容易吸油、散酥。想要颜色好看，就要炸的时间短一点；想要口感更好，就延长时间，炸到成品硬脆。

6. 请严格按规格开酥，酥层不是越多越好，太多了容易并酥，出不了层次。

7. 荷花酥的颜色可以根据个人喜好进行自由搭配。

◎ 成品质量

层次清晰，口感酥脆，色泽分明。

# 柿子酥果子

精致小巧的柿子酥果子选自混酥面团,虽无层次,但是口感酥松,形态栩栩如生。

◎ 材料准备

低筋粉……………………………… 100g

泡打粉……………………………… 1g

调面用料：

　玉米淀粉………………………… 10g

　奶粉……………………………… 10g

　淡奶油…………………………… 20g

　鸡蛋黄…………………………… 20g

　淡味黄油卷……………………… 5g

　炼乳……………………………… 60g

5g的南瓜馅料 ………… 10个（冷冻状态）

◎ 制作步骤

1. 调面。将调面用料混合均匀（图1～图2）。

2. 加粉。加入混合好的低筋粉和泡打粉，搅拌成团（图3～图4）。

3. 搓条下剂。将面团均匀地搓成剂条，并且分成均匀的剂子（图5～图6）。

4. 上馅。将馅料均匀地包入面皮中，收紧口子（图7～图8）。

5. 造型。取一个剂子调成可可色，做成小叶子放在上面做成蒂（图9～图10）。

6. 烘烤。放入180℃烤箱烘烤，烤大约15分钟即可。

◎ 成品质量

大小均匀，口感酥松。

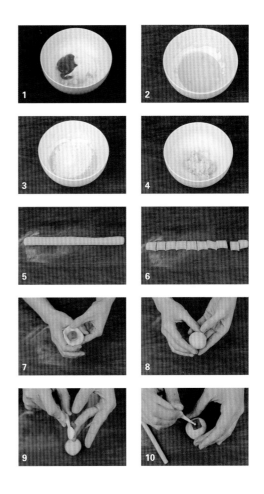

# 枣泥菊花酥

酥松可口的枣泥菊花酥，面粉的酥香夹带着枣泥的甜，是茶的佳配。

◎ **材料准备**

水油皮·······························80g

干油酥·······························40g

枣泥馅料·······························80g

蛋液······························· 适量

芝麻······························· 适量

◎ **制作步骤**

1. 准备面团。准备好水油皮和干油酥。

2. 包酥。将10g干油酥包进20g水油皮中，收
   紧口子（图1~图2）。

3. 擀酥。将包好的酥皮轻轻地擀成长方形
   （图3~图4）。

4. 折叠。然后进行3折叠，并且再重复擀开并
   再次折叠，形成一张酥皮（图5~图6）。

5. 上馅。将准备好的馅料放进酥皮里，收紧
   口子（图7~图8）。

6. 造型1。将包好馅料的酥收口朝下用刮板
   按扁，再用擀面棍在中间压出一个圆（图
   9~图10）。

7. 造型2。再用小刀平均割出8个花瓣，并且
   把花瓣翻出来馅料外露（图11~图14）。

8. 点缀。在花瓣的中间点上蛋液和芝麻
   （图15）。

9. 烘烤。放入预热至180℃的烤箱烘烤20
   分钟即可（图16）。

◎ **制作要领**

1. 开酥用力要均匀，否则容易破酥。

2. 花瓣分割要下刀干脆，间距均匀一致。

3. 翻出花瓣时要轻巧，以免折断花瓣。

4. 温度可以根据自己的烤箱适当调整。

◎ **成品质量**

大小均匀，口感酥松，枣香四溢。

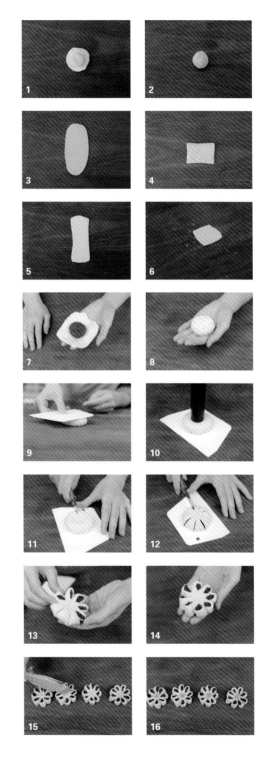

# 桃花酥

在美好的春天做一次桃花酥，泡上一壶茶，选一本好看的书，就是最美好的时光。

◎ 材料准备

粉色水油皮······························80g

粉色干油酥······························40g

地瓜馅料······························80g

蛋液··································适量

芝麻··································适量

◎ 制作步骤

1. 准备面团。将准备好的面团和馅料都平均分成4份备用（图1～图2）。

2. 包酥。将干油酥包进水油皮中，收紧口子（图3～图4）。

3. 擀酥。将包好的酥皮轻轻地擀成长方形（图5）。

4. 折叠。然后进行3折叠，重复步骤3和4，再擀开形成一张酥皮（图6～图8）。

5. 上馅。将准备好的馅料放进酥皮里，收紧口子（图9～图10）。

6. 造型1。将包好馅料的酥收口朝下，用刮板按扁，用擀面棍在中间压出一个圆（图11～图12）。

7. 造型2。用小刀平均割出5个花瓣，并且在花瓣下方捏尖，并且刻出花蕊（图13～图15）。

8. 点缀。在花瓣的中间点上蛋液和芝麻（图16）。

9. 烘烤。放入预热至180℃的烤箱烘烤20分钟即可。

◎ 制作要领

1. 开酥用力要均匀，否则容易破酥。

2. 花瓣分割要下刀干脆，间距均匀一致。

3. 没做到的面皮请盖起来以免风干。

4. 烘烤温度可以根据自己的烤箱适当调整。

◎ 成品质量

色泽桃红，馅料软糯，形似桃花。

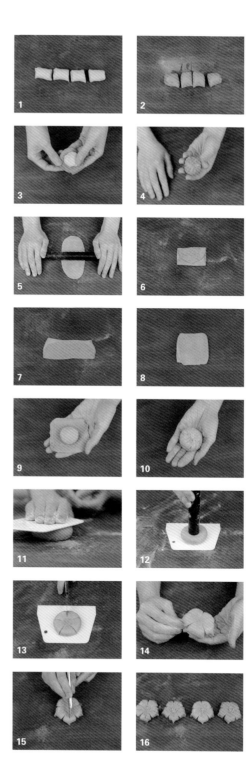

127

# 芝麻牛舌饼

牛舌饼，北京传统小吃，因形如牛舌而得名，堪称老北京的经典味道。今天改用芝麻馅料做成牛舌饼，内部因为烘烤而产生气鼓，外部酥香。

白色水油皮……………………………80g
白色干油酥……………………………40g
芝麻馅料……………………………80g
蛋液…………………………………… 适量
芝麻…………………………………… 适量

◎制作步骤

1. 准备面团。准备好水油皮和干油酥（图
   1~图2），平均分成4份。
2. 包酥。将干油酥包进水油皮中，收紧口子
   （图3~图4）。
3. 擀酥。将包好的酥皮轻轻地擀成长方形（图
   5~图6）。
4. 折叠。然后进行3折叠，并且再重复擀开并
   再次折叠，形成一张酥皮（图7~图8）。
5. 上馅。将准备好的馅料放进酥皮里，收紧
   口子（图9~图10）。
6. 造型。将包好馅料的酥收口朝下，用刮
   板按扁，用擀面棍擀成椭圆形即可（图
   11~图12）。
7. 点缀。点上蛋液和芝麻（图13~图14）。
8. 烘烤。放入预热至180℃的烤箱烘烤20分
   钟即可。

◎制作要领

1. 开酥用力要均匀，否则容易破酥。
2. 烘烤温度可以根据自己的烤箱适当调整。

◎成品质量

口感酥松，芝香扑鼻。

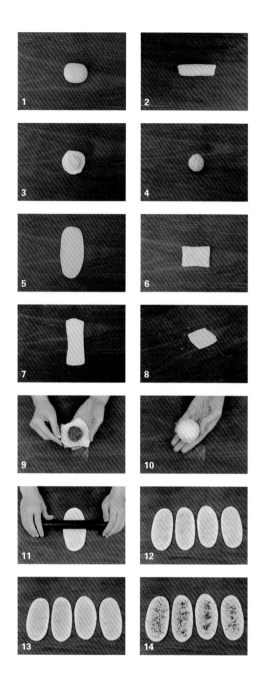

# 核桃酥

核桃酥是中国传统的酥点，制作精细，形似核桃，口味酥香。核桃酥属于油酥面团分类中的暗酥，指在成品表面看不到层次，只能在其侧面或者剖面才能看到层次的酥皮制品。

◎材料准备

可可水油皮·······································80g
白色干油酥·······································40g
枣泥核桃馅料····································80g

◎制作步骤

1. 准备面团。分别准备好水油面和干油酥（图1~图2）。

2. 包酥。准备好的面团和馅料平均分成4份，将干油酥包进水油皮中，收紧口子（图3~图4）。

3. 擀酥。将包好的酥皮轻轻地擀成长方形（图5~图6）。

4. 折叠。然后进行3折叠，并且再重复擀开并再次折叠，形成一张酥皮（图7~图8）。

5. 上馅。将面皮擀薄，再把枣泥核桃馅料放进酥皮里，收紧口子（图9~图12）。

6. 造型1。将包好馅料的酥收口朝下，用夹子夹出中间线，成核桃初坯（图13~图14）。

7. 造型2。用夹子在核桃初坯的两侧夹出各22个纹路（图15~图16）。

8. 烘烤。放入预热至180℃的烤箱烘烤20分钟即可。

◎制作要领

1. 开酥用力要均匀，否则容易破酥。

2. 夹纹路时干脆，间距均匀一致。

3. 纹路尽量夹得深一些，以免回缩。

4. 烘烤温度可以根据自己的烤箱适当调整。

◎成品质量

形似核桃，口感酥香。

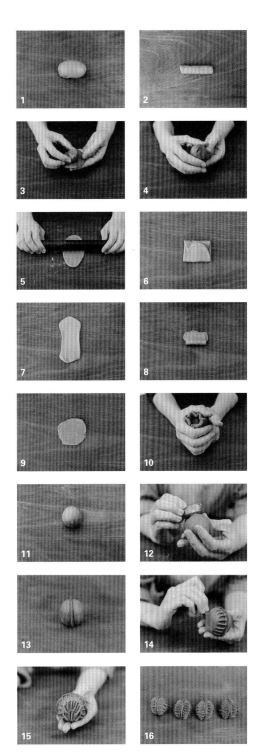

# 蛋黄酥

蛋黄酥属于油酥面团里的暗酥，因其内包入了咸鸭蛋黄而深受大家的喜爱，并且火遍了大江南北。

◎材料准备

白色水油皮·····························60g

白色干油酥·····························30g

蛋黄馅料······························ 3个

蛋液······························· 适量

芝麻······························· 适量

◎制作步骤

1. 准备面团。准备好水油皮和干油酥（图
   1~图2）。

2. 包酥。水油皮和干油酥平均分成3份。将干油
   酥包进水油皮中，收紧口子（图3~图4）。

3. 擀酥。将包好的酥皮轻轻地擀成长方形
   （图5~图6）。

4. 折叠。进行3折叠，并且再重复擀开并再次
   折叠，形成一张酥皮（图7~图8）。

5. 上馅。将准备好的馅料放进酥皮里，收紧
   口子（图9~图10）。

6. 点缀，烘烤。点上蛋液和芝麻。放入预热
   至180℃的烤箱烘烤20分钟即可（图11~图
   12）。

◎制作要领

1. 开酥用力要均匀，否则容易破酥。

2. 烘烤温度可以根据自己的烤箱适当调整。

◎成品质量

口感酥松，层次清晰。

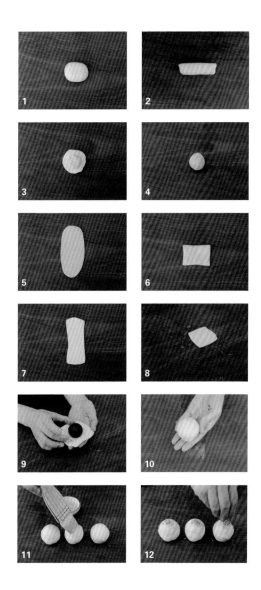

# 温州烧饼

在成长的旅途中，很多记忆好像都会被时间慢慢冲淡，唯独带不走内心深处的味觉记忆，比如这款烧饼。

温州烧饼原名白蛇烧饼，属于地方特色小吃，口感香酥、松脆，馅料入口即化、葱香四溢。想要做到这一点，则需要在和好的面团中加入一定比例的油酥，才能调和出重酥的口感。

◎材料准备

中筋粉 ················· 270g
开水 ················· 150g
发酵面团 ················· 190g
干油酥 ················· 300g
馅料 ················· 适量
全蛋液 ················· 适量
芝麻 ················· 适量

◎制作步骤

1. 调制烫酵面。开水和中筋粉混合均匀后加入发酵面团，成团后将面团揉到表面光滑。方法参考基本功揉面（图1~图5）。

2. 下剂。将面团搓条后平均分成2组，1组5份，每个约60g。盖上保鲜膜醒面20分钟（图6~图8）。将干油酥平均分成2组，1组5份，每个30g（图9~图10）。

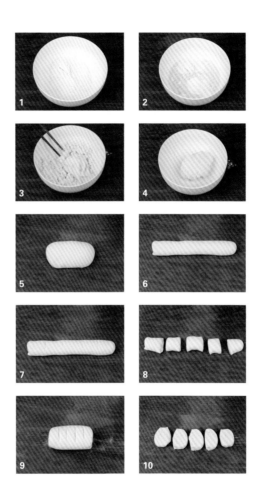

3. 叠酥。将油酥和烫酵面分别压扁，再将油酥放在烫酵面皮上（图11）。

4. 开酥。用手指头握着面皮，利用手掌根部压住油酥一点点往前推送，直到油酥平铺在烫酵面皮上，然后均匀地卷起。再压扁将两边向中间折叠，再横向卷起，即成一个酥（图12~图22）。

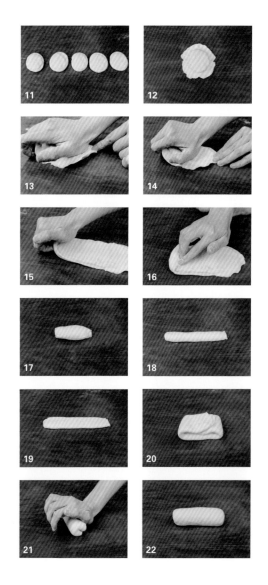

5. 压皮。开好的酥一分为二，酥的两头往里收，往下压成一张皮（图23~图26）。

6. 上馅。将分好的馅料包进去，收紧口子，口子朝下放（图27~图30）。

7. 烘烤。表面刷上全蛋液，撒上芝麻，放入预热至200℃的烤箱烘烤30分钟至表面上色即可（图31~图32）。

◎ 制作要领

1. 操作时面团不宜醒面太久，否则容易导致面团发酵影响起酥。建议先调馅料再制皮。

2. 面粉的选用不需要太讲究，中筋粉即可。

3. 面团调制时注意水温和醒面时间，面团要揉到表面光滑。

4. 分剂大小要均匀，误差1~2克问题不大。

5. 开酥时，推动时手力要均匀，以免因为用力不当而导致油酥超出烫酵面。

6. 压皮时注意适当旋转使力，使面皮厚薄均匀。面皮要求中间略厚，周边薄。

7. 馅料的放入要注意分量，可提前称好，或者根据习惯来加，只要总体重要不超过80g即可。

8. 烧饼收口时注意手法，收好的口子上下应该厚薄一致，一定要收紧。

9. 烘烤温度为200℃，烤到表面颜色金黄即可。

◎ 成品质量

大小：以75~80g为宜。

色泽：以金黄色为宜。

外皮：酥、松、香。

馅料：咸淡适口。

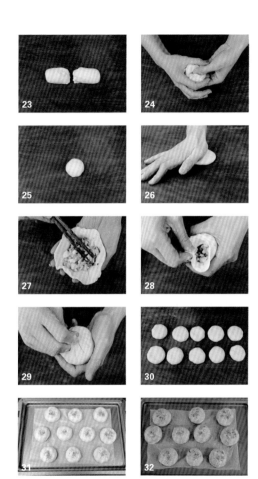

# 眉毛酥

眉毛酥是一道传统名点，因外形神似眉毛而得名，酥皮微黄，酥纹清晰，入口酥香。

◎材料准备

白色水油皮……………………… 200g

白色干油酥……………………… 100g

豆沙…………………………… 160g

熟咸蛋黄……………………… 4个

蛋液…………………………… 适量

芝麻…………………………… 适量

◎制作步骤

1. 准备馅料：将豆沙平均分成20g/个，搓成水滴形（图1）。

2. 准备面团。将干油酥擀成0.5cm厚的方正形状，适当冷藏30分钟。水油皮擀成干油酥的两倍大（图2~图3）。

3. 包酥。将干油酥包进水油皮中，收紧口子（图4~图6）。

4. 敲酥。因包好后的酥皮偏厚，不好擀酥，先用擀面棍朝着收口处轻轻敲扁，约0.5cm厚（图7）。

5. 第一次擀酥与折叠。将包好酥的皮轻轻地擀成长方形，约40cm长，15cm宽。然后进行第一次3折叠（图8）。

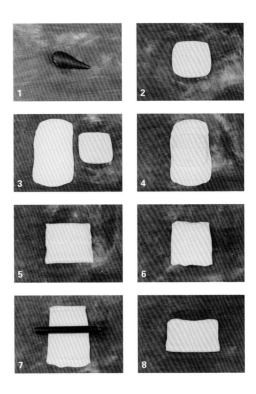

6. 第二次擀酥与折叠。将包好酥的皮轻轻地擀成长约60cm、宽约10cm的长方片。然后横向折叠（图9~图10）。

7. 第三次擀酥。将包好酥的皮轻轻地擀成长约100cm、宽约5cm的长方片，然后用刮刀斜切去掉两头（图11~图12）。

8. 卷制。然后将头部擀薄轻轻地竖向卷起，可适量喷水，要卷紧，收口处擀薄再收紧（图13~图16）。

9. 切酥。用美工刀切成厚约0.4厘米的酥片8片，然后用保鲜膜盖起来（图17）。

10. 擀皮。将切好的酥片酥层朝上，用擀面棍擀成厚薄一致直径约7cm的圆皮（图18）。

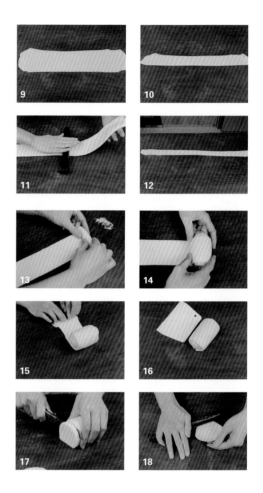

11. 上馅。在酥皮中间刷上一层蛋液，放入准备好的馅料，一边推进馅料一边封口，贴合后用手掌摁平整（图19~图22）。

12. 造型。收口处用剪刀剪平整，然后捏出麻花辫子纹路，再刷上蛋液封口（图23~图26）。

13. 油炸。油温升到120℃，入锅养3分钟，然后继续升温至150℃后，再炸4分钟即可出锅（图27~图28）。

◎ 制作要领

1. 水油皮、干油酥两块面团的软硬度要一致。

2. 开酥用力要均匀，否则容易破酥。灵活运用擀面棍。

3. 开酥时，周围环境不能吹风，否则面会干掉。

4. 开酥时，尽量少用手粉，否则面会干掉。

5. 卷酥时，注意要卷紧实，否则容易散酥。

6. 切酥时，用推切法。来回锯刀切，会切不平整。

7. 切好的酥片要用保鲜膜盖起来，否则容易干掉。

8. 造型手法要熟练，否则容易散酥（正常时间是3~5分钟）。

9. 若水油皮出气泡，则是因为面皮搅拌过头，可以戳破。

◎ 成品质量

形似眉毛，层次清晰，口感酥香。

# 绿茶酥

清脆的外边，是悠悠的茶香。用大包酥完成圆酥的制作，可以让酥层更加清晰。这也是一道非常考验功底的点心。

## ✿材料准备

白色水油皮······························ 200g

绿色干油酥···························· 100g

绿豆沙······························80g

熟咸蛋黄····························8个

蛋液································ 适量

芝麻································ 适量

## ✿制作步骤

1. 准备馅料。将绿豆沙平均分成20g/个，然后包入熟咸蛋黄，收紧收圆（图1～图4）。

2. 准备面团。将干油酥擀成厚0.5cm的方正形状，适当冷藏30分钟。水油皮擀成干油酥的两倍大（图5～图7）。

3. 包酥。将绿色干油酥包进白色水油皮中，收紧口子（图8～图9）。

4. 敲酥。因包好后的酥皮偏厚，不好擀酥，先用擀面棍朝着收口处轻轻敲扁，约0.5cm厚（图10）。

5. 第一次擀酥与折叠。将包好酥的皮轻轻地擀成长方形，约40cm长，15cm宽。然后进行第一次3折叠（图11～图12）。

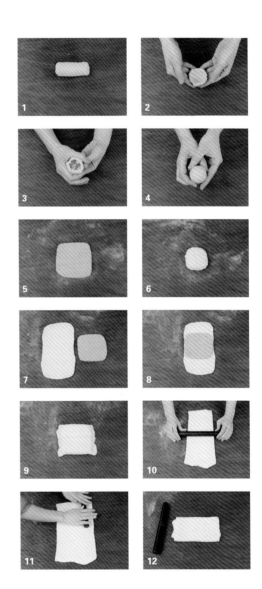

6. 第二次擀酥与折叠。将包好酥的皮轻轻地擀成长约60cm、宽约10cm的长方片。然后横向折叠（图13～图14）。

7. 第三次擀酥。将包好酥的皮轻轻地擀成长约100cm、宽约5cm的长方片。然后用刮刀斜切去掉两头（图15～图17）。

8. 卷制。将头部擀薄，轻轻地竖向卷起，可适量喷水，但要卷紧，收口处擀薄后再收紧（图18～图21）。

9. 切酥。用美工刀切成约0.4厘米厚的酥片，约8片，然后用保鲜膜盖起来（图22～图24）。

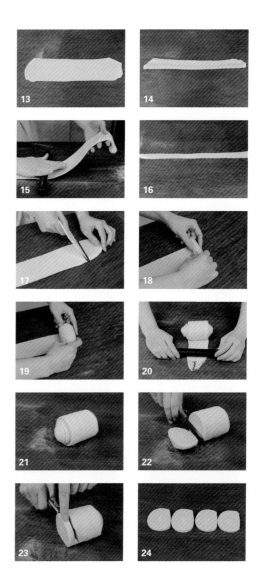

10. 擀皮。将切好的酥片酥层朝上用擀面棍擀成厚薄一致的圆皮，直径约7cm（图25~27）。

11. 上馅。在酥皮中间刷上一层蛋液，将准备好的馅料包入，收紧口子（图28~图32）。

12. 烘烤。放入预热至180℃的烤箱烘烤20~25分钟即可（图33）。

◎ 制作要领

1. 水油皮、干油酥两块面团的软硬度要一致。

2. 开酥用力要均匀，否则容易破酥。灵活运用擀面棍。

3. 开酥时，周围环境不能吹风，否则面会干掉。

4. 开酥时，尽量少用手粉，否则面会干掉。

5. 卷酥时，注意要卷紧实，否则容易散酥。

6. 切酥时，用推切法。来回锯刀切，会切不平整。

7. 切好的酥片要用保鲜膜盖起来，否则容易干掉。

8. 造型手法要熟练，否则容易散酥（正常时间是3~5分钟）。

9. 若水油皮出气泡，则是因为面皮搅拌过头，可以戳破。

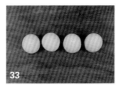

10. 具体烘烤时间依烤箱实际温度进行调整。


◎ 成品质量

形状圆整，层次清晰。

# 双色圆酥

在圆酥的制作思路上改观，把原有的单色面团改成双色面团，在产品的塑造力上更加丰富，当然也可以变成多色。

◎材料准备

白色水油皮··································· 200g

绿色/黄色干油酥 ·························各50g

紫薯泥····································· 160g

熟咸蛋黄··································· 8个

蛋液······································· 适量

芝麻······································· 适量

◎制作步骤

1. 准备馅料。将紫薯泥平均分成20g/个，然后包入熟咸蛋黄，收紧收圆（图1～图3）。

2. 准备面团。将干油酥合并成一个，擀成0.5cm厚的方正形状，适当冷藏30分钟。水油皮擀成干油酥的两倍大（图4～图5）。

3. 包酥。将干油酥包进水油皮中，收紧口子（图6～图8）。

4. 敲酥。因包好后的酥皮偏厚，不好擀酥，先用擀面棍朝着收口处轻轻敲扁，约0.5cm厚（图9～图10）。

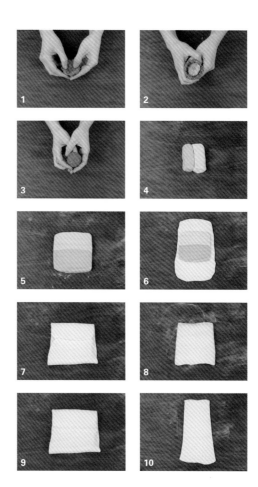

5. 第一次擀酥与折叠。将包好酥的皮轻轻地擀成长方形，约40cm长，15cm宽。然后进行第一次3折叠（图11）。

6. 第二次擀酥与折叠。将包好酥的皮轻轻地擀成长约60cm、宽约10cm的长方片。然后横向折叠（图12）。

7. 第三次擀酥。将包好酥的皮轻轻地擀成长约100cm、宽约5cm的长方片。然后用刮刀斜切去掉两头（图13~图15）。

8. 卷制。将头部擀薄轻轻竖向卷起，可适量喷水，要卷紧，收口处擀薄再收紧（图16~图17）。

9. 切酥。用美工刀切成约0.4厘米厚的酥片，约8片，然后用保鲜膜盖起来（图18）。

10. 擀皮。将切好的酥片酥层朝上用擀面棍擀成厚薄一致的圆皮，直径约7cm（图19）。

11. 上馅。在酥皮中间刷上一层蛋液，将准备好的馅料包入，收紧口子（图20~图21）。

12. 烘烤。放入预热至180℃的烤箱中烘烤20~25分钟即可（图22）。

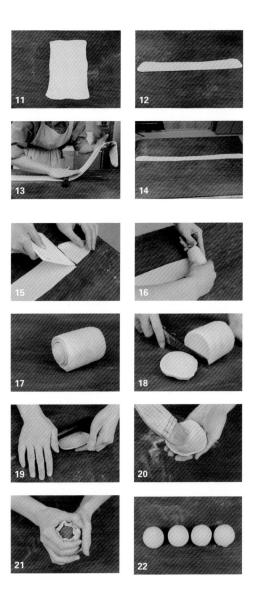

◎**制作要领**

1. 水油皮、干油酥两块面团的软硬度要一致。

2. 开酥用力要均匀,否则容易破酥。灵活运用擀面棍。

3. 开酥时,周围环境不能吹风,否则面会干掉。

4. 开酥时,尽量少用手粉,否则面会干掉。

5. 卷酥时,注意要卷紧实,否则容易散酥。

6. 切酥时,用推切法。来回锯刀切,会切不平整。

7. 切好的酥片要用保鲜膜盖起来,否则容易干掉。

8. 造型手法要熟练,否则容易散酥(正常是3~5分钟)。

9. 若水油皮出气泡,则是因为面皮搅拌过头,可以戳破。

10. 具体烘烤时间依烤箱实际温度进行调整。


◎**成品质量**

色彩分明,层次清晰。

# 海棠酥

"昨夜雨疏风骤,浓睡不消残酒。试问卷帘人,却道海棠依旧。"海棠酥的柔美,就像在春天盛开的花一般,含蓄又美丽。中式面点的柔美与细腻需要技术的加持,它的难度会让人望而却步,大包酥的操作一直是大家的盲点。学习这一课为你解答疑难。

◎ 材料准备

白色水油皮·······························400g

粉色/白色干油酥 ···················各100g

豆沙·······································200g

蛋液·······································适量

◎ 制作步骤

1. 准备面团。将干油酥擀成0.5cm厚的方正形
   状，适当冷藏30分钟。水油皮擀成干油酥的
   两倍大（图1~图3）。

2. 包酥。将粉色/白色干油酥包进白色水油皮
   中，收紧口子（图4~图6）。

3. 敲酥。因包好后的酥皮偏厚，不好擀酥，先
   用擀面棍朝着收口处轻轻敲扁，约0.5cm厚
   （图7）。

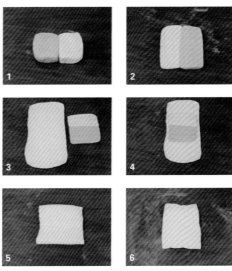

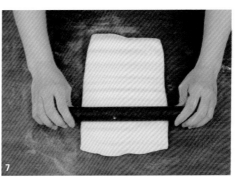

4. 第一次擀酥与折叠。将包好酥的皮轻轻地擀成长方形，约40cm长，20cm宽。然后进行第一次4折叠（图8～图11）。

5. 第二次擀酥与折叠。将包好酥的皮轻轻地擀成长约60cm、宽约10cm的长方片。然后进行第二次4折叠（图12～图13）。

6. 切酥。最终把酥皮擀成0.5cm的厚度，再用直径7cm的圆切模具压出8个圆皮。然后用保鲜膜盖起来（图14～图16）。

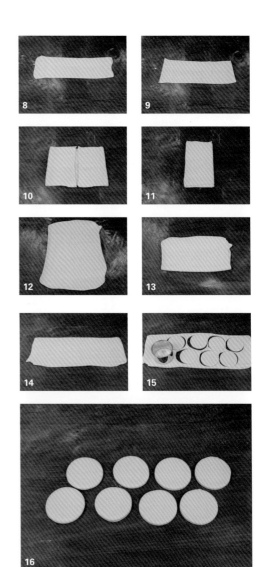

7. 上馅。在酥皮中间刷上一层蛋液，将准备好的馅料放入，进行五等分（图17~图18）。

8. 造型。收紧每一个口子后，用男士剃须刀片在花瓣上切割1刀（图19~图22）。

9. 油炸。油温升到120℃，入锅养3分钟，然后继续升温至150℃后，再炸4分钟即可出锅（图23~图24）。

◎制作要领

1. 水油皮、干油酥两块面团的软硬度要一致。

2. 开酥用力要均匀，否则容易破酥。灵活运用擀面棍。

3. 开酥时，周围环境不能吹风，否则面会干掉。

4. 开酥时，尽量少用手粉，否则面会干掉（粉尽量撒在台面上）。

5. 切五等分要分均匀，刷蛋液要适量。

6. 造型手法要熟练，否则容易散酥（正常时间是3~5分钟）。

7. 若水油皮出气泡，则是因为面皮搅拌过头，可以戳破。

◎成品质量

层次清晰，花瓣分明，口感香酥。

# 绣球酥

院子里种了五颜六色的绣球花，颜色极其好看，想象着把喜欢的花朵都做成中式面点的样子，那该是多么美好的事情啊！有人说绣球酥像古代的蹴鞠，而我觉得相由心生，你心里是什么样子，你做的点心就是什么样子。

◎材料准备

白色水油皮……………………………… 400g

紫色/白色干油酥 ……………………… 各100g

豆沙……………………………………… 200g

蛋液……………………………………… 适量

◎制作步骤

1. 准备面团。将干油酥擀成0.5cm厚的方正形
   状，适当冷藏30分钟。水油皮擀成干油酥的
   两倍大（图1~图3）。

2. 包酥。将干油酥包进白色水油皮中，收紧口
   子（图4~图5）。

3. 敲酥。因包好后的酥皮偏厚，不好擀酥，先
   用擀面棍朝着收口处轻轻敲扁，约0.5cm厚
   （图6）。

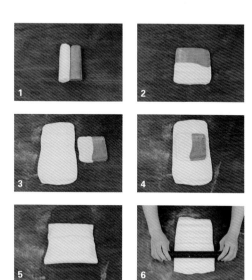

4. 第一次擀酥与折叠。将包好酥的皮轻轻地擀成长方形，约40cm长，20cm宽。然后进行第一次4折叠（图7～图9）。

5. 第二次擀酥与折叠。将包好酥的皮轻轻地擀成长约60cm、宽约10cm的长方片。然后进行第二次4折叠，即完成（图10～图11）。

6. 切酥。最终把酥皮擀成0.5cm厚度的酥皮，再切成0.2cm厚的酥条，一次切10条，剩余的用保鲜膜盖起来（图12）。

7. 编织。先把其中的5条酥条整齐排匀，然后在头部压上一根筷子固定，依次编织摆入新的酥条，直到编织成一张紧密的席子（图13～图16）。

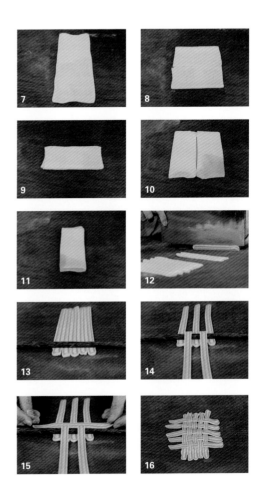

8. 造型。扣上7cm的圆切模得到一张圆的酥皮，在酥皮中间刷上一层蛋液，将准备好的馅料放入，包捏好收紧口子，底部刷蛋液并沾芝麻（图17~图22）。

9. 油炸。油温升到120℃，入锅养3分钟，然后继续升温至150℃后，再炸4分钟即可出锅（图23~图26）。

1. 编织动作要紧凑、麻利。
2. 颜色可以根据个人的喜好进行搭配。

色彩分明，层次清晰，形似绣球。

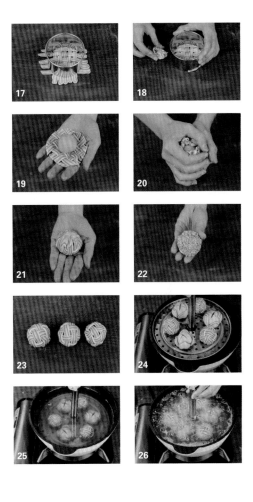

# 荷花酥

荷花自然是用来赏的，而荷花酥在拿来赏的同时还能享受它的美味。这款含苞待放的荷花酥，与传统的荷花酥不同，在技法上也更胜一筹。

◎材料准备

白色水油皮·························· 400g
紫色/白色干油酥 ·················· 各100g
枣泥核桃馅······························50g
蛋液······························ 适量

◎制作步骤

1. 准备面团。将干油酥擀成0.5cm厚的方正形
   状，适当冷藏30分钟。水油皮擀成干油酥的
   两倍大（图1～图3）。

2. 包酥。将干油酥包进白色水油皮中，收紧口
   子（图4～图5）。

3. 敲酥。因包好后的酥皮偏厚，不好擀酥，先
   用擀面棍朝着收口处轻轻敲扁，约0.5cm厚
   （图6）。

4. 第一次擀酥与折叠。将包好酥的皮轻轻地擀成长方形，约40cm长，20cm宽。然后进行第一次4折叠（图7~图9）。

5. 第二次擀酥与折叠。将包好酥的皮轻轻地擀成长约60cm、宽约10cm的长方片。然后进行第二次4折叠，即完成（图10~图12）。

6. 切酥。最终把酥皮擀成0.5cm厚，再切成约6cm的方正酥皮（图13~图15）。

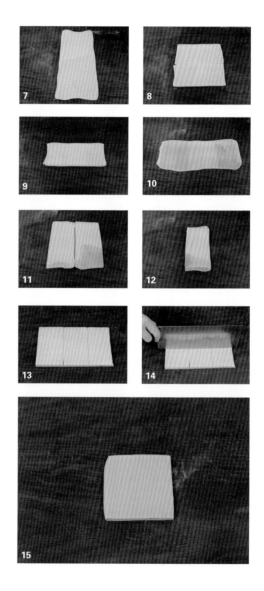

7. 造型1。取一根筷子，将酥皮对角再压出一个小正方形，然后往里折（图16~图18）。

8. 造型2。将酥皮反过来，中间刷上一层蛋液，将准备好的10g馅料放入，包捏好收紧口子（图19~图22）。

9. 造型3。再反过来就是一朵含苞的花朵初坯，取刀片在上面均匀地切割两刀，最后在底部刷蛋液并沾芝麻（图23~图26）。

10. 油炸。油温升到120℃，入锅养3分钟，然后继续升温至150℃后，再炸4分钟即可出锅（图27）。

◎ **制作要领**

1. 切割好的酥皮要方正。

2. 馅料要包紧实，否则容易漏馅。

3. 切割深度以切到馅料为宜，不可太深。

◎ **成品质量**

层次清晰，色彩分明，含苞待放。

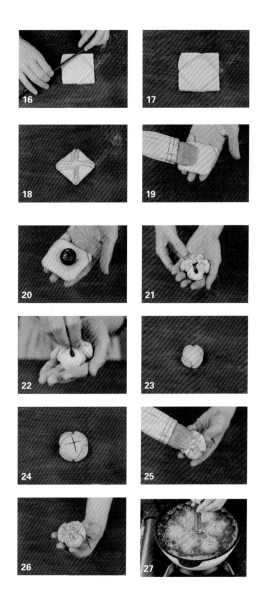

# 乳瓜酥

有时候做点心需要去捕捉大自然的灵感。院子的瓜果蔬菜都是中式面点制作的灵感素材。用油酥面团制成的乳瓜酥，外形小巧，颜色翠绿，十分讨喜。

◎ **材料准备**

白色水油皮……………………………… 400g

绿色干油酥……………………………… 200g

枣泥核桃馅料……………………………80g

蛋液…………………………………… 适量

◎ **制作步骤**

1. 准备面团。将干油酥擀成0.5cm厚的方正形状，适当冷藏30分钟。水油皮擀成干油酥的两倍大（图1~图2）。

2. 包酥。将干油酥包进白色水油皮中，收紧口子并朝下（图3~图5）。

3. 敲酥。因包好后的酥皮偏厚，不好擀酥，先用擀面棍朝着收口处轻轻敲扁，约0.5cm厚（图6）。

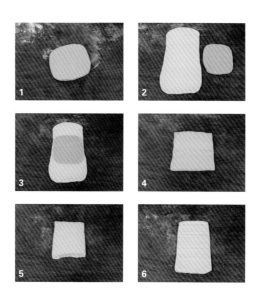

4. 第一次擀酥与折叠。将包好酥的皮轻轻地擀成长方形，约40cm长，20cm宽。然后进行第一次4折叠（图7~图12）。

5. 第二次擀酥与折叠。将包好酥的皮轻轻地擀成长约60cm、宽约10cm的长方片。然后进行第二次4折叠，即完成（图13~图16）。

6. 切酥。最终把酥皮擀成0.5cm厚，平均分成4份酥片（图17~图18）。

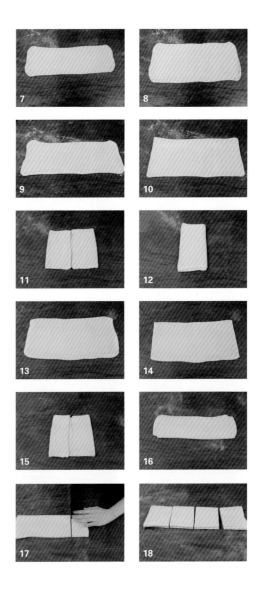

7. 叠酥。在酥片上适当抹水，然后依次叠上去成为一个酥块（图19～图20）。

8. 切酥。将酥层朝外，然后用一把锋利的片刀，采用推切法切出约0.3cm厚的酥片（图21）。

9. 上馅。馅料分成4份搓成长条待用。取一张酥片抹上蛋液，放上馅料卷起来，成为一根小乳瓜（图22～图25）。

10. 造型。将小乳瓜的头尾进行整理，取一小块废面，搓成蒂放入头部，再用蛋液在头尾固定即完成造型（图26～图27）。

11. 油炸。油温升到120℃，入锅养3分钟，然后继续升温至150℃后，再炸4分钟即可出锅（图28～图30）。

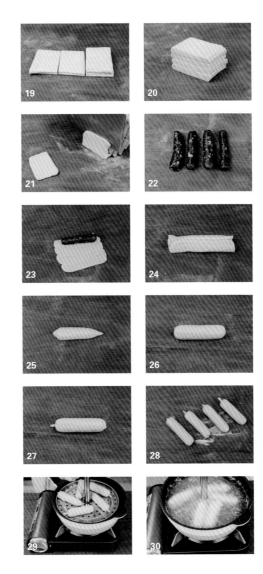

◎制作要领

1. 切割好的酥皮要方正。

2. 馅料要包紧实，否则容易漏馅。

3. 油炸时，注意别炸老了。

◎成品质量

层次清晰，外形完整，色泽青翠。

# 其他类面团

## 其他类面团制作理论

中式面点的制作工艺过程中，还有一些传统的小吃类面点，我将它们统一归为其他类面团。当然，要细分的也可以单独分出种类。比如大米制品制成的松糕、汤圆、米糕等糕团类面点具有南方特色，麻花以及开口笑等属于蓬松面团。

### 一、米粉面团

米粉面团是指用米粉掺水调制而成的面团。由于米的种类较多，如糯米、籼米、粳米等，因此可以调制出不同的米粉面团。如在制法上加以适当运用，就能制成丰富多样、广受大众喜爱的点心，如糕团、米饼等。这类品种在盛产稻米的地区占有重要的地位。

1. 糕类粉团：糕类粉团是米粉面团中经常使用的粉团。一般可分为黏质糕和松质糕。

①黏质糕是指先成熟、后成形的糕类粉团，具有黏、韧、软、糯等特点。制法是先将粉料搅拌均匀后，上笼蒸熟，再把面团取出趁热揉制均匀光滑为止，进行搓条、下剂、制皮、夹馅料等步骤。难度相对比较大，比如年糕、蜜糕等制品。

②松质糕简称松糕，是指先成形、后成熟的品种，具有松软、多孔的特点。制法是先把糯米粉、粳米粉混合均匀后加入糖水等混合均匀，拌成松散的颗粒状，筛入各类模具中定形，随后蒸制成熟即可。比如松糕、马蹄糕、定胜糕等制品。

2. 团类粉团：又叫团子，大体可分为生粉团和熟粉团。

①生粉团是指先成形、后成熟的粉团。这类粉团，面皮黏糯，吃口润滑。制法是在掺和好的粉里加入沸水或者芡汁，

使面团被烫熟，揉透后再掺入少量的生粉，调成面团后再进行搓条、下剂、制皮、包馅等过程。比如汤圆、汤团等。

②熟粉团是指将糯米粉等加适量水拌成团后蒸熟，再均匀地揉制的粉团。调制方法与黏质糕相似。

## 二、澄粉面团

是指将澄粉即小麦淀粉用沸水烫制而成的面团。这类面团色泽洁白，具有良好的可塑性，成熟后呈半透明状态，柔软细腻，口感滑嫩。比如虾饺就是用澄粉做的。

## 三、杂粮面团

是指将杂粮或者蔬菜原料加工成粉料或者泥状调制而成的面团。有的可以单独成团，有的需要掺和面粉、米粉等其他辅料调制成团。这类面团成品具有营养丰富、制作精细等特点。主要分为以下几类：

1. 杂粮粉面团：就是将小米、玉米、高粱等磨成粉，再加入水调制而成的面团，比如制成窝窝头、小米煎饼等。

2. 根茎类面团：是指将土豆、山药、南瓜等根茎类原料去皮蒸熟后，加工成泥

状再加入面粉等辅料调制而成的面团，比如制成山药糕、南瓜饼等。

3. 豆类面团：是指用各种豆类加工成粉、泥或与其他粉质一起调和而成的面团，比如制成绿豆糕、芸豆糕等。

4. 果类面团：是指用各种果子（莲子、菱角、荸荠、板栗等）加工成粉、泥或与其他辅料（猪油、面粉、白糖等）一起调制而成的面团，比如制成枣泥糕、马蹄糕等。

# 黄金开口笑

小时候，开口笑是常见的街边点心，在很多城市的街头巷尾，至今仍有销售。它的做法非常简单，外表松脆香甜，但不宜多吃，容易上火。

◎材料准备

鸡蛋……………………………………30g

白糖……………………………………75g

猪油……………………………………25g

低筋粉…………………………………230g

泡打粉…………………………………2g

白芝麻…………………………………适量

清水……………………………………适量

◎制作步骤

1. 调面。将猪油、白糖、鸡蛋混合均匀搅拌成糖液（图1~图2）。

2. 加粉。将低筋粉和泡打粉混合均匀后过筛加入，搅拌均匀成团（图3~图4）。

3. 搓条。台面上适量撒粉，将面团均匀地搓成剂条（图5~图6）。

4. 分剂。将剂条均匀地分成6份，并且搓圆（图7~图8）。

5. 裹芝麻。将分好的剂子表面刷水后裹上白芝麻（图9~图10）。

6. 油炸。锅中加油烧至120℃，慢火炸至浮起后，再升油温炸到金黄色即可（图11~图12）。

◎制作要领

1. 面团不可揉制过度，能成团即可。

2. 蘸水后再裹芝麻，这样更加牢固。

3. 炸制温度不可过高，否则内里不易成熟。

◎成品质量

大小均匀，色泽金黄，有裂纹，口感香酥。

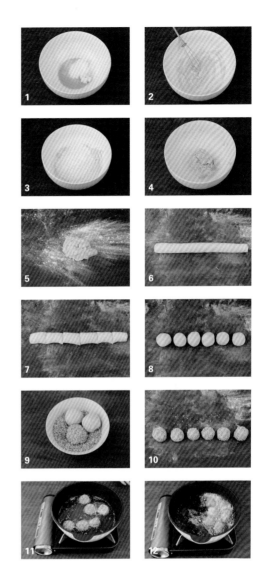

# 南瓜饼

软糯香甜的南瓜饼也算是儿时的回忆，但是馅料却是豆沙味的，我觉得南瓜饼就应该包入南瓜馅，表里如一。

糯米粉……………………………… 100g

南瓜泥……………………………… 60g

白糖………………………………… 10g

南瓜馅……………………………… 60g

白色面团…………………………… 100g

馅料………………………………… 100g

◎制作步骤

1. 调面。南瓜泥加入白糖混合均匀后，加入糯米粉混合成团，将面团揉到表面无干粉（图1~图5）。

2. 搓条。将面团均匀地搓成剂条（图6）。

3. 分剂。将剂条均匀地分成6份（图7~图8）。

4. 上馅。将剂子压成圆皮，放入10g南瓜馅，收紧口子并且压扁（图9~图11）。

5. 煎制。取平底锅，倒入少许底油开小火，入生坯，煎至两面金黄色即可（图12~图14）。

◎制作要领

1. 选用水分足的南瓜制泥。

2. 南瓜蒸熟后和面，水分更足。

3. 煎制时用中小火，使其内外受热更加均匀。

◎成品质量

色泽金黄，外脆里嫩，大小均匀。

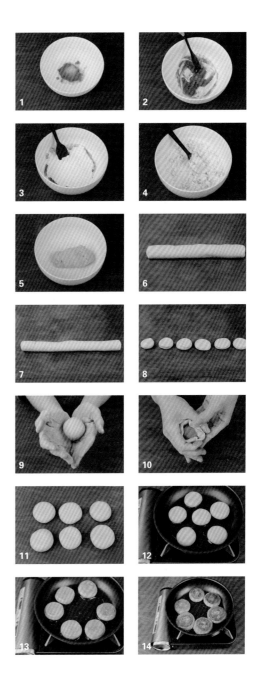

# 黑米糕

比蛋糕更加健康，比发糕还松软，烤蛋糕变成蒸蛋糕，加入黑米的元素让蛋糕更加富有营养。

◎材料准备

鸡蛋白·····························3个
白糖·····························40g
柠檬汁····························10g
蛋黄·····························3个
牛奶·····························90g
色拉油····························10g
黑米粉····························80g
米粉·····························10g

◎制作步骤

1. 制作蛋白霜。将鸡蛋白和柠檬汁一起放在无水无油的干净碗中，分三次加入白糖，匀速搅打至湿性发泡（图1~图3）。

2. 制作蛋黄糊。蛋黄中加入牛奶、色拉油搅拌均匀，再加入黑米粉搅匀成糊状（图4~图9）。

3. 混合面糊。将蛋黄糊和一部分蛋白霜搅匀，再加入剩下的蛋白霜，翻拌均匀至无颗粒状（图10~图13）。

4. 入模。将翻拌好的黑米糕均匀倒入6寸圆模（图14）。

5. 蒸制。放入蒸笼，上锅开大火蒸制30分钟即可。

◎制作要领

1. 蛋白霜要打好，注意手法，别打发过度。
2. 面糊翻拌时，别翻拌过度。
3. 蒸制过程中别打开盖，以免漏气。

◎成品质量

口感松软，质地绵软可口。

# 酥脆小麻花

麻花平淡无奇，一条面团经过搓制相互缠绕，吃在嘴里微甜酥脆，油香四溢，在粮油受限制的年代尤为珍贵。

◎材料准备

| | |
|---|---|
| 中筋粉 | 100g |
| 鸡蛋 | 20g |
| 牛奶 | 40g |
| 红糖 | 15g |
| 蜂蜜 | 2g |
| 酵母 | 2g |
| 黄油 | 10g |
| 色拉油 | 适量 |

◎制作步骤

1. 调面。将除了黄油外的所有材料混合均匀揉成团，然后加入黄油，揉到表面光滑即可。方法参考基本功揉面（图1~图2）。

2. 搓条下剂。将面团均匀地搓成剂条，再将剂条均匀地分成8份（图3）。

3. 醒面。将剂子搓成条，刷上少量色拉油，盖上保鲜膜醒制30分钟（图4）。

4. 搓条。将剂条搓长后，两头反方向搓，再收拢两头使其自然卷曲（图5~图8）。

5. 成形。然后固定住圆孔一端，另一边继续往里搓，拿起来麻花就会卷曲成绳索状（图9~图12）。

6. 油炸。锅中倒入少量色拉油升温到120℃，入麻花炸到金黄色即可（图13）。

◎制作要领

1. 面团一定要揉透。

2. 醒面要充分。

3. 搓条要粗细均匀。

4. 油炸注意油温以及色泽的把控。

◎成品质量

大小均匀，口感酥脆，色泽金黄。

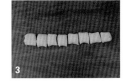

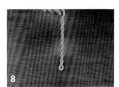

# 梅干菜饼

用南乳汁调制馅料，酥脆的饼皮包裹滋润的馅料，保存了梅干菜扣肉的独特风味，还增添了独特的口感。

◎材料准备

发酵面团·····························300g

白糖·································60g

水····································10g

南乳汁·······························40g

五花肉末····························100g

梅干菜·····························100g

◎制作步骤

1. 调馅。白糖和水入锅，小火烧到焦糖色，
   淋入南乳汁调匀，再倒入梅干菜和五花肉末
   搅拌均匀，取出放凉待用（图1~图4）。

2. 搓条下剂。事先准备好一份发酵面团，进行
   搓条，并且均匀地分成6份（图5~图6）。

3. 上馅。将面皮适当擀开后包入40g馅料，收
   紧口子（图7~图10）。

4. 成形。将包好馅料的面坯擀成厚薄均匀的
   薄饼状（图11）。

5. 煎制。入锅，以中小火煎至两面略带金黄
   色即可（图12）。

◎制作要领

1. 先调馅，再准备发酵面团。

2. 擀皮时尽量不破皮，使馅料不外漏。

3. 煎制时，请注意火候大小。

4. 馅料的糖量可以根据个人口味进行增减。

◎成品质量

外脆里嫩，馅料滋润鲜香。

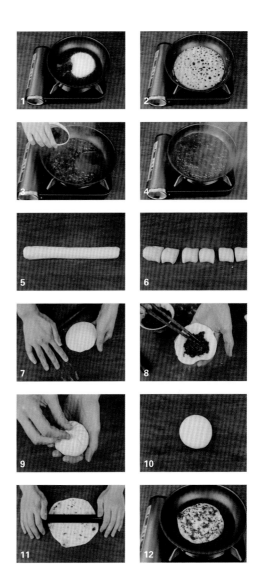

# 香菇笋干软大饼

笋是大自然的馈赠，而用笋干制作馅料搭配柔软的面团那是非常地道而又平常的美味。软大饼吃出了笋干的香，老笋干吃的是岁月的香浓。

◎材料准备

| | |
|---|---|
| 水油面团 | 300g |
| 笋干末 | 100g |
| 胡萝卜碎 | 50g |
| 香菇末 | 50g |
| 葱花 | 50g |
| 盐 | 2g |
| 生抽 | 10g |
| 麻油 | 5g |
| 色拉油 | 适量 |

◎制作步骤

1. 调馅。锅中放入少量色拉油，依次加入馅料所有材料，一起炒至入味即可出锅放凉（图1～图5）。

2. 搓条下剂。事先准备好一份水油面团，均匀地搓条，并且均匀地分成6份（图6～图7）。

3. 上馅。将面皮适当擀开后包入40g馅料，收紧口子（图8～图11）。

4. 成形。将包好馅料的面坯擀成厚薄均匀的薄饼状（图12～图13）。

5. 煎制。入锅，以中小火煎至两面略带金黄色即可（图14）。

◎制作要领

1. 先调馅放凉，再准备水油面团。

2. 擀皮时，尽量不破皮，使馅料不外漏。

3. 煎制时，请注意火候大小。

◎成品质量

面皮柔软，口味咸鲜。

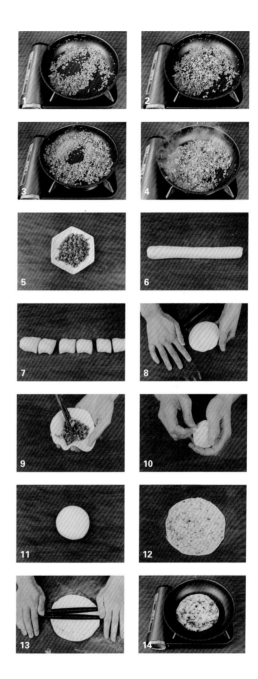

# 春饼皮

春日食萝卜，春饼入春盘。薄薄的春饼，配上低脂鸡丝馅，适合吃健身餐的你。把春天放在盘子里，吃进的除了美味，还有整个春天的色彩。

◎材料准备

| | |
|---|---|
| 中筋粉······ | 200g |
| 栀子花水······ | 110g |
| 盐······ | 2g |
| 水······ | 适量 |
| 色拉油······ | 适量 |

◎制作步骤

1. 调面。水和中筋粉、盐混合成团后将面团揉到表面光滑。方法参考基本功揉面（图1~图5）。

2. 搓条分剂。将面团均匀地搓成剂条。将剂条均匀地分成15个，用保鲜膜盖起来醒面10~20分钟（图6~图7）。

3. 压皮。将分好的剂子通过压剂后擀成直径为7cm的圆皮。取6个，均匀地在表面刷上色拉油（图8~图9）。

4. 擀皮。将6张面皮叠在一起。再用橄榄扦擀成直径大约18cm的圆皮（图10~图12）。

5. 蒸制。入锅蒸制，开大火蒸6分钟即可（图13）。

6. 最后，将蒸好的面皮取出轻轻地撕开，就能得到一张张厚薄一致的春饼皮（图14）。

◎制作要领

1. 面粉选用中筋粉。低筋粉易断裂，没有延展性。

2. 面团要充分醒制，因其筋度较高，醒面是为了更好地松弛与延展。

3. 根据需求准确地分剂，保证大小均匀。

4. 叠面时要注意油要足，以免粘住无法分开。

5. 和面的水可替换成其他无颗粒的果蔬汁，以便做出更多颜色。

◎成品质量

厚薄均匀，薄如蝉翼，口感韧性。

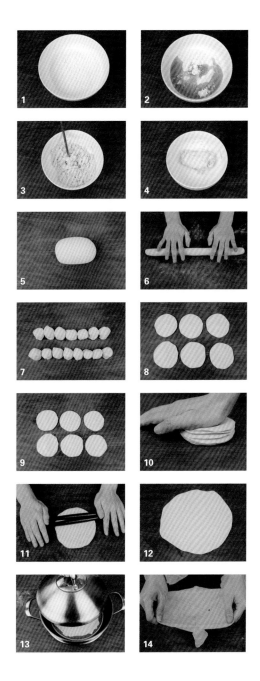

# 柿子汤圆

略带Q弹口感，软糯的南瓜馅料，汤圆的吃法也可以如此细腻可人。对传统的汤圆进行改良，美味无可复制。

糯米粉·····················55g

白糖·························· 5g

生南瓜汁···················50g

黄油·························· 5g

5g的南瓜馅料（冷冻状态）············ 9个

可可粉····················· 适量

◎制作步骤

1. 调面。白糖与生南瓜汁混合均匀入奶锅中，
   用最小的火煮沸。倒入糯米粉中混合至无干
   粉状态。加入黄油揉透，到表面光滑（图
   1~图3）。

2. 搓条分剂。将面团均匀地搓成剂条，将剂条
   均匀地分成10份（图4）。

3. 调色。取一个剂子，加入可可粉调成可可面
   团备用（图5~图6）。

4. 上馅。将馅料包入面皮中搓圆，盖上待用
   （图7~图10）。

5. 点缀。将可可面团擀平整，切成指甲大的正
   方形，做成叶子，蘸点水贴在"柿子"上
   （图11~图15）。

6. 煮制。锅中水满至8分，煮沸后，放入汤圆，转
   中小火，继续煮沸汤圆浮起来，加一次冷水再
   煮沸，再加冷水煮沸即可（图16~图18）。

◎制作要领

1. 面团软硬要适中，太硬容易开裂，太软容
   易粘手。

2. 分剂大小要均匀一致。

3. 粘贴叶子时，蘸水要足，以免煮制时散开。

4. 煮汤圆时注意火候，使用中小火慢煮。

◎成品质量

大小均匀，纹路细致，色彩分明。

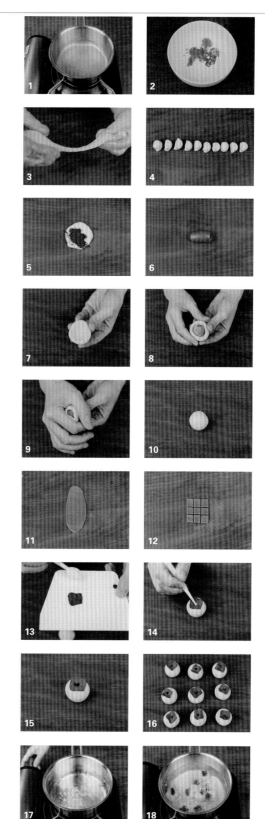

# 参考文献

[1] 樊建国. 中式面点制作[M]. 北京：高等教育出版社，2002.

[2] 唐美雯，林小岗. 中式面点技艺[M]. 北京：高等教育出版社，2008.

[3] 周文涌，竺明霞. 面点技艺实训精解[M]. 北京：高等教育出版社，2009.

[4] 张丽. 中式面点[M]. 北京：科学出版社，2012.

[5] 陈忠明. 面点工艺学[M]. 北京：中国纺织出版社，2007.